AF869829

La pomme et l'atome

Sébastien Balibar

La pomme et l'atome

12 histoires de physique contemporaine

BRETIGNY-SUR-ORGE
RETIRE DES COLLECTIONS

530
BAL

Odile
Jacob

© ODILE JACOB, OCTOBRE 2005
15, RUE SOUFFLOT, 75005 PARIS

www.odilejacob.fr

ISBN : 2-7381-1653-1

Le Code de la propriété intellectuelle n'autorisant, aux termes de l'article L.122-5, 2° et 3° a, d'une part, que les « copies ou reproductions strictement réservées à l'usage privé du copiste et non destinées à une utilisation collective » et, d'autre part, que les analyses et les courtes citations dans un but d'exemple et d'illustration, « toute représentation ou reproduction intégrale ou partielle faite sans le consentement de l'auteur ou de ses ayants droit ou ayants cause est illicite » (art. L. 122-4). Cette représentation ou reproduction, par quelque procédé que ce soit, constituerait donc une contrefaçon sanctionnée par les articles L. 335-2 et suivants du Code de la propriété intellectuelle.

« Je suis de ceux qui pensent que la science a une grande beauté. Un savant dans son laboratoire n'est pas seulement un technicien : c'est aussi un enfant placé en face de phénomènes naturels qui l'impressionnent comme un conte de fées.

Nous ne devons pas laisser croire que tout progrès scientifique se réduit à des mécanismes, des machines, des engrenages qui d'ailleurs ont aussi leur beauté propre…

Je ne crois pas non plus que, dans notre monde, l'esprit d'aventure risque de disparaître. Si je vois autour de moi quelque chose de vital, c'est précisément cet esprit d'aventure qui paraît indéracinable et s'apparente à la curiosité… »

Marie Curie

Quelques pommes à croquer

Étoiles, pommes, fleurs, mains gauches et droites, cyclistes et papillons, gouttes, bulles, verres et cristaux, pianos, soleils, chats, tables, toupies, vagues...

Pourquoi tous ces petits préludes à de grandes fugues vers les limites de l'Univers, vers l'intérieur des atomes, vers la genèse des formes ou la théorie du chaos, vers les frontières en mouvement de la science d'aujourd'hui ?

À quoi bon instiller tant de physique dans notre vie quotidienne ? À quoi bon parler du métier de chercheur ?

Suis-je donc obsédé par ma science ? La vie n'aurait-elle de sel, pour moi, qu'assaisonnée de rationnel ?

Ne serais-je pas plutôt un rêveur curieux de tout, tenté de tirer chaque fil qu'il rencontre pour démêler le grand écheveau du savoir ?

C'est votre curiosité que j'espère exciter, en vous invitant à croquer avec moi quelques fruits savoureux de la recherche contemporaine.

1

Nuit noire

J'avais neuf ans. Mon père enseignait les mathématiques et ma mère les lettres classiques, chacun dans un lycée de Tours. Juste après la guerre, ils avaient trouvé ce double poste dans une ville qui était calme mais leur plaisait peu. Ils avaient donc décidé de s'en échapper aussi souvent que possible et cherché une maison où ils pourraient emmener leurs quatre enfants en vacances. Comme ils n'avaient pas la moindre fortune personnelle, ils avaient déniché une vieille ferme en ruines, quatorze pièces autour d'un puits et d'une cour intérieure, le tout sur cinq hectares de terre a blé caillouteuse au pied d'un très joli village de Provence. À l'époque, cette région n'avait pas l'eau courante, le rendement à l'hectare était dérisoire et le tourisme inexistant. Mes parents avaient donc acheté cette merveille pour 450 000 anciens francs, à peine quelques mois de leur salaire de prof.

Le premier hiver passé dans les quelques pièces habitables fut glacial mais plein d'espoirs. Dès l'automne suivant, je décidai de mon futur métier. Je voulais être ingénieur des Eaux et Forêts.

Il faut dire que le service public des Eaux et Forêts encourageait le reboisement. C'est donc avec son aide que nous avions fait planter plusieurs milliers de cèdres, cyprès étalés et cyprès bleus de l'Arizona, pins d'Alep et pins noirs d'Autriche, quelques tilleuls, acacias et peupliers, un micocoulier et un catalpa, un sorbier des oiseaux, cent quarante amandiers, treize rangs de vignes dont un d'angevine et de cardinal, un de chasselas, un de muscat, un de gros vert et de dattier… Et je dis bien « nous » parce que, malgré mes dix ans, j'avais pris l'entretien de nos plantations en main avec mon père. Entre cailloux et chardons, je sarclais avec acharnement des espérances d'arbres que la sécheresse, hiver comme été, décimait chaque année. Ainsi encouragés, la moitié environ d'entre eux survécurent, réussirent à atteindre la nappe phréatique en une dizaine d'années et décuplèrent soudain leur vitesse de croissance. La végétation au sol se transforma, les chardons disparurent et les cailloux furent bientôt recouverts d'une mousse parsemée d'aiguilles, propice aux cèpes à l'automne. Un jour on trouva même quelques morilles, on rencontra des lièvres, des huppes, de nombreux papillons que je collectionnais. Je traçai des chemins et décidai fièrement que la nature aménagée était plus agréable que la nature sauvage.

Mais, grâce au plan d'aménagement Durance-Ventoux, l'eau était arrivée dans toute la région, le château Renaissance du village se mit à exposer de vilaines peintures géométriques, madame Francine Cœurdacier céda son épicerie à Hédiard, les touristes affluèrent et couvrirent tout le canton de piscines, les ruelles furent éclairées en jaune…

Heureusement, notre forêt faisait écran à toute cette agitation et nos nuits restaient noires, pures et parfumées ; seuls les grillons et les crapauds en rompaient le silence.

Quinze ans plus tard, nos parents nous avaient laissé la jouissance de ce paradis. C'est alors que Jean-Pierre Maury nous apporta un télescope. Jean-Pierre aimait le bois, l'astronomie, les gros cigares cubains et la vulgarisation scientifique. Dans les poubelles du campus de Jussieu, à l'Université de Paris où il enseignait la physique, il avait récupéré un cadre en ferraille, un gros tube de PVC de 25 cm de diamètre, un vieux moteur électrique, un grand disque d'aluminium et trois roulettes. Grâce à quelques planches de chêne clair et un objectif de microscope qu'il avait ajoutés à tout ce bric-à-brac, et surtout grâce à un grand miroir parabolique qu'il avait poli lui-même dans sa cuisine puis fait argenter dans un atelier du Marais, Jean-Pierre avait monté un instrument d'observation du ciel très respectable et nous en avait fait cadeau.

Nous avons donc commencé à nous prendre pour Galilée.

Nous sortions ce télescope sur l'ancienne aire à blé de notre ferme, bien abrités des lumières voisines par nos pins et nos cèdres, nous en orientions l'axe de rotation parallèlement à celui de la Terre et commencions d'interminables observations.

Mes premières émotions furent simples : lorsqu'elle était pleine, la Lune, éblouissante, remplissait tout le champ de vision de notre appareil. Mais je préférais les premiers quartiers, lorsque l'ombre des cratères s'allongeait à la limite de la zone éclairée et qu'on distinguait la pénombre voisine.

Puis je compris comment trouver Jupiter. Il suffisait de regarder vers le sud, d'imaginer l'endroit où passe le Soleil le jour, une sorte de grande trajectoire circulaire qui commence à l'est, monte au sud et redescend à l'ouest ; les planètes suivent le même chemin puisque nous sommes tous, les autres planètes, notre Terre et le Soleil, dans un même plan. La trajectoire du Soleil et des planètes dans le ciel est l'intersection du plan de l'écliptique et de la voûte céleste. Si je trouvais un objet très brillant dans cette région du ciel, j'avais de grandes chances que ce soit Jupiter, à moins que ce ne soit Vénus.

Jupiter était facile à reconnaître puisque, comme Galilée en 1610, je lui voyais bien quatre satellites alignés. J'appris leurs noms : Io, Europe, Ganymède et Callisto, puis je m'aperçus que ces quatre points brillants changeaient de place d'un jour (d'une nuit) à l'autre. Oui, bien sûr, ils tournaient autour de Jupiter et j'en voyais parfois deux d'un côté et deux de l'autre, puis trois de l'un et un seul de l'autre, et ainsi de suite. Si le ciel était vraiment pur, je pouvais même distinguer les bandes sombres que forme l'atmosphère de Jupiter, déchirée par des vents abominables. Les bandes sont parallèles à l'équateur et à la ligne des satellites : l'ensemble tourne dans un même plan ! Quant à Vénus, que je trouvais près du Soleil, c'est-à-dire vers l'ouest en début de soirée ou vers l'est au petit matin, elle était facile à reconnaître aussi : un objet très lumineux mais sans satellite. Et je découvris que Vénus avait parfois une forme de croissant, comme la Lune en plus petit. Un croissant de Vénus…

Je pus me moquer de mes amis : mais non, cette grosse « étoile » n'en était pas une, c'était une planète ! On voyait bien qu'elle n'émettait pas de lumière par elle-même, qu'elle ne faisait que nous renvoyer celle qu'elle recevait du Soleil, sans compter qu'il s'agissait bien d'un objet proche puisqu'on en voyait distinctement le diamètre Et je me sentais petit, pris de vertige dans ce grand manège. Et puis, à force d'ajuster sans cesse l'orientation de notre télescope dont le moteur n'avait jamais accepté de tourner, je continuais de penser à Galilée, condamné pour avoir défendu la science contre l'Église catholique. À l'époque, je ne savais pas encore qu'il n'a sans doute pas dit « et pourtant elle tourne »[1], qu'il n'avait plus la force nécessaire à la fin de son procès, mais je comprenais que ce que je sentais dans mon viseur, c'était la rotation de la Terre sur elle-même, bien sûr, pas celle de la Terre autour du Soleil ; celle-là fait que Jupiter change de place dans le ciel tout au long de l'année, contrairement aux étoiles. Je me mis à réfléchir aux saisons, à l'inclinaison de l'axe de rotation de la Terre par rapport au plan de l'écliptique, aux périodes glaciaires et aux périodes interglaciaires que la Terre a connues...

Dans mes rêveries sur le mouvement relatif, évidemment, Galilée me tenait toujours compagnie. En effet, quelle différence y a-t-il entre « la Terre tourne autour du Soleil » et « le Soleil tourne autour de la Terre » ? S'il n'y avait que deux objets, la Terre et le Soleil, ces deux propositions seraient strictement équivalentes. Par exemple, est-ce la Lune qui tourne autour de la Terre ou la Terre qui tourne autour de la Lune ? Preuve de notre égocentrisme général, nous avons bien sûr tendance à penser que c'est la Lune qui tourne ; « *nous*, la Terre, détenons la force majeure qui fait tourner ce petit satellite ». En fait chacune tourne autour de l'autre, et d'ailleurs la Lune n'est pas petite par rapport à la Terre.

Afin que plus personne ne dise aujourd'hui que le Soleil tourne autour de la Terre, je réalisai alors qu'il avait fallu que des générations d'astronomes observent non seulement le mouvement relatif de la Terre et du Soleil, mais aussi celui des étoiles et des autres planètes. Or les étoiles sont toujours

1. Je ne saurais trop vous conseiller l'admirable biographie que Dava Sobel a écrite à partir des lettres de la fille aînée de Galilée à son père, un chef-d'œuvre, *La Fille de Galilée*, Paris, Odile Jacob, 2001.

au même endroit dans le ciel d'une année sur l'autre alors que ce n'est pas vrai des planètes : même d'une semaine à l'autre on voit les planètes se déplacer par rapport aux étoiles. Lorsque Copernic considéra que toutes les planètes, y compris la Terre, tournaient autour du Soleil, on disposa enfin d'un modèle simple permettant de prévoir la position de tous les objets dans le ciel. Les rôles de la Terre et du Soleil n'étaient plus symétriques. En 1915, après avoir remarqué quelques petites anomalies dans le mouvement d'Uranus et de Neptune, on prédit même qu'il devait exister une planète supplémentaire qui influençait les deux précédentes ; or, en 1930, on découvrit Pluton. Il semblerait donc ridicule de prétendre aujourd'hui que c'est le Soleil qui tourne autour de la Terre, laquelle serait le centre fixe, immuable de l'Univers, et à l'issue de cette mise au point personnelle je me sentais de plus en plus petit, non seulement dans l'Univers physique mais aussi dans l'univers des idées scientifiques, je veux dire plein de respect pour l'histoire de l'astronomie et de ses grands hommes.

Sans me laisser aller à trop de sentiments, je me relançais à la conquête du ciel. J'apercevais un autre point brillant, un peu rougeâtre, sur ce qui devait bien être le chemin des planètes. Mars ? Un coup d'œil me suffisait pour voir que cet objet rougeâtre avait lui aussi un diamètre apparent, que c'était bien une autre planète. Mars tient sa couleur rouge de la forte concentration en oxydes de fer de son sol granuleux, et l'on se demande de plus en plus sérieusement s'il y a eu de la vie là-bas, puisqu'on y a découvert de l'eau souterraine (je ne crois pas qu'on devrait dire « sous-martienne »).

Aujourd'hui, combinant mon amour de la nature et une forte dose de rationalisme héritée de mon père, je suis devenu chercheur en physique. J'ai envie de m'acheter un très beau télescope, de retourner en Provence, loin des lumières de la ville et de leur atmosphère trouble, afin de voir moi-même que Mars a une calotte blanche, qui passe de son pôle Nord à son pôle Sud selon les saisons martiennes, parce qu'il y neige du CO_2 et que la neige carbonique est blanche, comme la neige d'eau sur Terre, juste un peu plus froide. Et comme je sais où trouver les éphémérides dans mon journal, ou mieux sur Internet[2], je peux savoir si Saturne est visible à une heure décente et dans quelle direction. Je me souviens des célèbres anneaux, que j'essayais de compter, dont l'inclinaison variait d'une année sur l'autre, et de mon impression, un jour, que Saturne, inséré dans ses anneaux vus de biais, ressemblait à un œil, un œil qui me regardait...

C'est vrai, il n'y a qu'un pas de la science au rêve.

Récemment, je suis tombé sur cette question qui, au premier abord, m'avait paru désarmante de naïveté :

« Pourquoi fait-il noir, la nuit ? »

Comment pouvait-on poser une question pareille ? En fait, il y a peu de questions stupides, et les plus naïves sont souvent même les plus fondamentales. C'est bien le cas de celle-ci, puisqu'elle est liée aux origines de l'Univers, à la théorie du Big Bang et aux frontières actuelles de la cosmologie.

Bien sûr, la nuit, le Soleil éclaire l'autre côté de la Terre. Mais toutes les étoiles sont autant d'autres soleils, pourquoi ne nous éclairent-elles pas suffisamment pour y voir la nuit comme en plein jour ?

Évidemment, elles sont loin, et nous savons bien que plus nous sommes loin d'une source de lumière, moins nous

2. Sur le site de la société astronomique de France, www2.iap.fr/saf/accueil.html, cliquez sur « le ciel du mois », ou alors cherchez « éphémérides » avec votre moteur de recherche préféré.

sommes éclairés. D'un phare situé à 2 km, nous recevons quatre fois moins de lumière que s'il était à 1 km.

Mais des étoiles, il y en a beaucoup. Si les étoiles ne nous éclairent pas suffisamment pour y voir clair la nuit, c'est donc peut-être qu'il n'y a pas assez d'étoiles dans le ciel ? En 1823, cette excellente remarque a amené Wilhelm Olbers, astronome allemand, à une conclusion remarquable : *l'Univers que nous observons n'est pas infini*. La question de la finitude de l'Univers travaillait les philosophes depuis des millénaires. Elle est aujourd'hui résolue.

Combien y a-t-il donc d'étoiles dans le ciel ? Pas facile de répondre à cette question préalable. Imaginez pour simplifier que la *densité* d'étoiles dans l'espace intersidéral soit constante en moyenne[3]. Imaginez maintenant que vous comptiez le nombre d'étoiles qui se trouvent à une certaine distance de la Terre. Puis imaginez que vous recommenciez ce calcul pour une distance double : le nombre d'étoiles sera quatre fois plus grand, mais, comme elles éclairent de deux fois plus loin, nous recevons quatre fois moins de lumière de chacune d'entre elles. En somme la lumière qui vient de deux fois plus loin est exactement égale à celle qui vient de deux fois moins loin, car l'augmentation du nombre d'étoiles est exactement compensée par la diminution de la lumière reçue en fonction de la distance. Pour trouver enfin la

3. Sirius, dans la constellation du Chien est à une dizaine d'années-lumière de la Terre, soit cent millions de millions de kilomètres, mais, en moyenne, il y a moins d'une étoile toutes les dix années-lumière ; c'est parce qu'il y a du vide entre les galaxies. De plus, la densité d'étoiles n'est pas constante mais je peux difficilement me lancer ici dans une description de la répartition exacte des étoiles dans l'Univers, qui ne changerait rien à mon raisonnement. Que les spécialistes se rassurent, je n'ignore pas que l'Univers est un agrégat d'étoiles qu'on peut qualifier de « fractal ».

lumière totale que nous recevons de toutes les étoiles du ciel, Olbers a fait la somme de la lumière reçue depuis les étoiles proches jusqu'aux étoiles lointaines. Si ce lointain était infiniment éloigné, on devrait trouver une quantité de lumière infinie et ce n'est pas le cas, donc on ne voit pas d'étoiles à l'infini, on ne reçoit pas de lumière venant de plus loin qu'une certaine distance. Cette limite doit, certes, être lointaine, mais elle ne peut pas être à l'infini. Olbers a donc montré que *l'Univers a un horizon*. Mais pourquoi ?

Continuons à réfléchir. Comme vous le savez, la lumière se propage à 300 000 km/s, c'est beaucoup mais ce n'est pas infini non plus. Pour nous arriver aujourd'hui depuis une source infiniment éloignée, la lumière aurait donc dû avoir été émise depuis un temps infini. Si nous ne recevons pas une quantité de lumière infinie, c'est donc peut-être plutôt parce que l'Univers *visible* n'a pas un âge infini ! Voilà qui, cette fois, est à la fois plus précis et plus juste. *Il fait noir la nuit parce que les étoiles ont une date de naissance,* elles n'ont pas toujours été là.

Ce fut une véritable révolution d'en arriver à une telle conclusion. Or notre conception de l'Univers s'est encore beaucoup enrichie depuis. En 1923 en effet, un siècle après Olbers, l'Américain Edwin Hubble découvrit que la nébuleuse d'Andromède est une galaxie extérieure à la nôtre[4]. Il découvrit ensuite d'autres galaxies et réussit à mesurer leur distance,

---

4. Notre galaxie est la Voie lactée, ce grand amas d'étoiles qui traverse le ciel du nord-est vers le sud-ouest, et que l'on voit ainsi parce que la Terre n'est pas en son centre : notre galaxie est constituée d'étoiles qui tournent dans un disque que l'on voit de l'intérieur et par la tranche. Si vous allez dans l'hémisphère sud, vous verrez même le centre de notre galaxie, au milieu de la Voie lactée, une région d'apparence sombre parce que le nuage de poussières qui s'y trouve absorbe la lumière des etoiles centrales.

puis, et c'est sa découverte majeure, que toutes ces galaxies s'éloignaient de nous à une vitesse proportionnelle à leur distance. Il formula donc, en 1929, une hypothèse qui est encore plus intéressante, et aussi mieux connue aujourd'hui : *l'Univers devait être en expansion à partir d'une explosion initiale*. Un phénomène aussi impressionnant méritait un surnom, on l'appela le « Big Bang ». Mais qu'est-ce qui fit penser à Hubble que l'Univers s'enfuyait dans toutes les directions depuis son explosion initiale ? Les progrès en ce domaine sont venus du fait qu'on a réussi à mesurer la vitesse des étoiles.

Quand j'étais petit – décidément mon enfance m'a marqué –, j'avais des voitures miniatures avec lesquelles j'organisais des courses imaginaires. La passion de la vitesse automobile m'a heureusement passé mais, à l'époque, je ne me contentais pas de les pousser sur des routes dessinées à la craie, je faisais le son. Il ne manquait que la lumière. En passant devant moi, à toute allure, elles faisaient iiiiiiiiiaaaaaaaaaa. Comme tous mes copains, je savais que les vraies voitures, en s'approchant de moi, avaient un son plus aigu qu'en s'éloignant, mais je ne savais pas que cet effet avait été prévu par le physicien autrichien Johann Doppler en 1843, puis vérifié en plaçant des trompettistes à bord d'un train. Je savais encore moins que Doppler avait aussi prévu que la lumière, étant une onde comme le son, devait présenter le même phénomène, ni *a fortiori* que l'astronome français Armand Fizeau en avait déduit une méthode de mesure de la vitesse des étoiles par rapport à nous.

Dans les étoiles, chaque atome suffisamment chaud émet une lumière qui a une structure particulière : elle est composée d'un ensemble de raies de couleurs différentes, véritable signature de chacun d'entre eux. On sait donc extraire la composition de chaque étoile en analysant la signature de ses atomes. Or ces raies, ces signatures colorées, sont toutes plus ou moins décalées vers les basses fréquences, c'est-à-dire vers le rouge, à cause de l'effet Doppler-Fizeau. Toutes les étoiles s'éloignent donc de nous. En mesurant ce décalage, on trouve à quelle vitesse s'éloigne chaque étoile. Certaines sont très loin et s'éloignent très vite, elles en rougissent très fort, d'autres sont plus proches et ne bougent presque pas par rapport à nous, cela ne les émeut pas beaucoup. Imaginons alors que nous remontions le temps : toutes les étoiles, toutes les galaxies d'étoiles convergent en un point qui est l'origine de l'Univers. Hubble a donc imaginé que l'Univers actuel résultait d'une explosion initiale et n'avait cessé son expansion depuis. À ce jour, c'est toujours l'hypothèse centrale de la cosmologie. Le modèle en a été développé, les mesures précisées : on pense aujourd'hui que ce Big Bang a eu lieu il y a 13,7 milliards d'années. C'est l'âge de l'Univers, l'âge maximal de toutes les étoiles, mais en fait beaucoup d'étoiles sont plus jeunes ; 13,7 milliards d'années, c'est remarquablement précis et c'est évidemment beaucoup à l'échelle humaine ; c'est aussi trois fois l'âge de la Terre et du système solaire, lequel a été mesuré par ailleurs, et par une autre méthode. J'y reviendrai, mais saviez-vous que l'Univers est trois fois plus vieux que la Terre ?

Une question incongrue nous ayant entraînés jusqu'au Big Bang, il serait dommage d'en rester là. Je vais donc en poser une autre :

« Le ciel va-t-il nous tomber sur la tête ? »

Je ne sais pas si les manuels d'histoire pour écoles primaires associent toujours cette question à la naïveté supposée des Gaulois. C'est pourtant une question d'actualité de la cosmologie moderne, tout sauf une naïveté, même si je l'ai un peu arrangée pour le plaisir de la provocation.

Le Soleil attire la Terre, laquelle, comme tout le monde le sait depuis Newton, attire la pomme qui tombe : c'est la gravitation universelle. Entre elles, les étoiles s'attirent donc aussi. La force d'attraction dépend de la distance et de la masse et c'est le moteur premier de la dynamique de l'Univers. Imaginez donc une grande concentration de masses quelque part, une sorte de nuage dense : il va s'effondrer sur lui-même et, au cours de cette implosion, s'échauffer tellement que des réactions nucléaires vont s'allumer. C'est ainsi que les étoiles naissent et brillent. Il en naît encore une ou deux par an dans notre galaxie qui n'est pas jeune.

Mais l'Univers lui-même ? S'il est très dense, il devrait s'effondrer sur lui-même de la même façon, tant chaque étoile attire chaque autre étoile. Et si cette attraction est forte, l'expansion provenant de l'explosion initiale pourrait-elle s'inverser un jour ? Après une phase d'expansion, est-il possible que l'Univers se rétracte, que les vitesses des étoiles s'inversent et que tout s'effondre ? Si cela était vrai, on devrait assister un jour (je dis bien « on », pas « nous », cela mettrait longtemps) à un autre événement singulier, sorte de Big Bang inverse auquel les physiciens ont donné un autre surnom, « Big Crunch ». Quand on lance une pomme en l'air, elle retombe. L'Univers va-t-il retomber sur lui-même ? Le ciel va-t-il nous tomber sur la tête ?

Eh bien, pas du tout ! Ne vous inquiétez pas. Les astrophysiciens ont fait beaucoup de progrès dans ce domaine et viennent de découvrir que c'est le contraire : l'Univers s'enfuit de plus en plus vite, son expansion s'accélère et le ciel ne va sûrement pas nous retomber sur la tête. Mais comment en est-on arrivé à établir cela ? C'est une longue histoire.

Il a fallu d'abord avoir une idée de la densité de matière dans l'Univers. La matière visible, l'équivalent d'un atome d'hydrogène par mètre cube, est très diluée. Elle n'est pas suffisante pour inverser l'expansion actuelle. Mais ensuite, en étudiant la rotation des galaxies, puis les mouvements des amas de galaxies, on s'est aperçu qu'il y avait nécessairement beaucoup de matière qu'on ne voit pas. De quoi cette matière invisible peut-elle bien être faite ?

Tout d'abord, de toutes les planètes qui tournent autour des étoiles. C'est une matière qui n'émet pas de lumière visible, mais dont on détecte assurément la présence, bien qu'indirectement pour l'instant. On observe par exemple des éclipses partielles d'étoiles : leur lumière décroît légèrement lorsqu'une de leurs planètes passe entre elles et nous. On observe aussi que le mouvement de certaines étoiles oscille en fonction de la rotation de leurs planètes, d'ailleurs c'est bien ainsi que certaines planètes du système solaire ont été découvertes, près de nous. Il y a aussi beaucoup de gaz et de poussières entre les étoiles. Cependant, toute cette matière ordinaire, brillante ou pas, ne représente qu'environ 20 % de la matière totale.

Parmi les candidats pour les 80 % manquants, on a proposé les « neutrinos », des particules élémentaires dont on savait l'Univers rempli et dont on vient de découvrir que la masse n'est pas nulle. Il y a peut-être aussi des particules inconnues qui pourraient avoir, elles aussi, une masse. Toute cette matière supplémentaire, qui n'est pas faite de protons, de neutrons et d'électrons comme la matière habituelle, est ce qu'on appelle la « matière noire », parce que non seulement elle ne brille pas mais on ne sait même pas très bien de quoi elle est faite. Pourquoi est-on persuadé qu'elle existe ? Parce que, sans elle, la vitesse de rotation de certaines galaxies serait incompréhensible ; à moins que les lois de la gravitation aient besoin d'une révision générale, mais alors là… Ce qui surprend donc tous les physiciens du monde, c'est que cette matière noire inconnue représente la grande majorité de la matière présente dans l'Univers. Voilà qui ouvre des perspectives à la recherche ! C'est d'autant plus vrai que les mystères à percer sont encore beaucoup plus épais que cela.

La possibilité d'un Big Crunch dépend en effet d'autres aspects surprenants de l'Univers. Il est en particulier possible que l'Univers soit *courbe*. Dans sa théorie de la relativité générale, Einstein représente l'attraction gravitationnelle comme une courbure de l'espace. Pour comprendre ce que cela signifie, les physiciens ont l'habitude de comparer l'espace à un matelas, bien qu'on puisse trouver cela un peu vulgaire. Posé sur un matelas mou, un corps déforme ce matelas, il crée une courbure locale, un creux si vous préférez, et tout corps voisin est attiré vers ce creux. Dans cette analogie, l'espace est à deux dimensions, c'est un plan déformé. Mais l'espace de la physique d'Einstein est à quatre dimensions : trois dimensions pour l'espace ordinaire, plus la dimension supplémentaire du temps. Se représenter la courbure d'un espace à quatre dimensions n'est pas facile, d'où l'utilité du matelas. Quoi qu'il en soit, on représente l'attraction gravitationnelle comme le résultat de la déformation locale de l'espace par les masses qui s'y trouvent (les étoiles, les galaxies...).

Permettez-moi une parenthèse. Vous croyez peut-être que la courbure de l'Univers par ses masses est une fantaisie abstraite, pure spéculation d'Einstein n'ayant aucun rapport avec la réalité perceptible, en tout cas aucune utilité pratique ? Mais non, pas du tout ! On a vérifié que la déformation de l'espace déviait la lumière lorsqu'elle passait près d'une étoile, par exemple en mesurant la durée des éclipses de Mercure, ou en observant des mirages gravitationnels dans le ciel, équivalent relativiste des mirages optiques que vous avez peut-être observés sur une route chaude qui réfléchit la lumière du ciel. La relativité générale d'Einstein prévoit aussi que le temps donné par une horloge dépend de l'altitude, parce que même la Terre courbe l'espace en son voisinage, et que cet espace a une dimension temporelle. Bien sûr, cet effet est très faible, mais pour certaines applications qui nécessitent une mesure du temps extrêmement précise comme les systèmes de localisation par satellite (le GPS des navigateurs ou des randonneurs), il faut tenir compte du ralentissement des horloges sur Terre par rapport à celles qui sont embarquées sur satellite. Comme quoi la physique moderne est bizarre, mais bien utile. Un mot enfin des trous noirs dont les journaux scientifiques font souvent leur une et qui sont, eux aussi, devenus une réalité observée. Si la concentration de matière est trop grande, la structure de l'espace fait pire que se déformer, elle s'effondre, il se forme une sorte de trou duquel même la lumière ne peut pas sortir. Au centre de notre galaxie, un tel trou noir existe ; sa masse est environ 2,6 millions de fois celle du Soleil et il avale des étoiles : on dispose désormais de photographies de ce trou noir, prises tous les six mois, où l'on voit des étoiles tourner et se faire avaler comme les bateaux dans l'immense tourbillon mythique, le maelström d'Edgar Poe.

La courbure de l'espace par la matière est donc une réalité. On peut alors se demander si, après tout, l'espace lui-même, dans son entier, n'a pas une courbure globale. Posées sur un support bombé, des billes vont toutes s'éloigner les unes des autres, alors que si le support est creux, elles vont se rassembler au centre. Une courbure éventuelle de l'Univers aurait donc pu influer sur son avenir, sur l'accélération de l'expansion ou sur sa décélération éventuelle avant une phase de rétractation. En 2001, on a mesuré cette courbure en étudiant ce qu'on appelle le « rayonnement fossile de l'Univers » ; nous allons voir de quoi il s'agit mais je donne tout de suite le résultat : la courbure semble nulle, l'Univers n'est pas courbé. Je ne sais pas si cela vous paraît rassurant. C'est en tout cas un peu moins difficile à imaginer que le contraire.

Qu'est-ce donc que ce « rayonnement fossile » ? Juste après le Big Bang, l'Univers était tellement concentré qu'il était extrêmement chaud, ce qui séparait les électrons des ions, par conséquent l'Univers était conducteur de l'électricité, comme un métal. Cela le rendait opaque, comme un métal toujours. Dans l'Univers, la lumière n'a donc pu se propager librement que lorsque la température est descendue suffisamment pour que les ions positifs capturent les électrons et forment des atomes neutres. Cela s'est passé 380 000 ans après le Big Bang, date du début de la lumière dans l'Univers. En 1946, George Gamow avait prédit que, au fur et à mesure que l'Univers se dilatait, le rayonnement avait dû se diluer et refroidir, mais qu'il devait en rester une trace, sorte de lumière froide qu'on devait observer entre les étoiles, le « rayonnement fossile ». Eh bien, en 1965, deux astronomes américains, Arno Penzias et Robert Wilson l'ont découvert ! Ce fut évidemment une preuve éclatante de la validité du modèle du Big Bang. Je n'insisterai pas sur la puissance prédictive de la physique. Aujourd'hui, grâce à des détecteurs refroidis à l'hélium liquide et embarqués sur des satellites, on a mesuré les caractéristiques de ce rayonnement fossile : tout se passe comme si le fond du ciel était à 2,73 degrés Kelvin (environ – 270 degrés Celsius ordinaires). Ce rayonnement fossile ressemble à la lumière émise par un morceau de fer rouge, sauf qu'à 1 000 degrés ce fer émet fortement dans le rouge, dont la longueur d'onde se situe vers 0,6 micron, alors que le fond du ciel est très froid et qu'il émet un rayonnement faible, intermédiaire entre l'infrarouge et les ondes radio, vers 1 mm de longueur d'onde. La mesure de la courbure de l'Univers provient d'une étude fine de ce rayonnement fossile, plus précisément de son bruit, de ses légères inhomogénéités si l'on préfère. On sait donc aujourd'hui que cette courbure est quasi nulle, mais cela n'avait rien d'évident, d'autant que, conjuguée à d'autres, cette mesure aboutit à une nouvelle constatation non moins surprenante.

On a en effet découvert l'existence d'une autre force qui influe sur l'expansion de l'Univers et qui provient de ce qu'on appelle cette fois l'« énergie noire », à ne pas confondre avec la « matière noire ». Vous avez peut-être l'impression que, bien que physicien professionnel, je confonds forces et énergie. Rassurez-vous, je sais qu'une force dérive d'une énergie, que ce sont donc deux quantités liées l'une à l'autre mais pas identiques. Quelle que soit la terminologie employée, de quoi s'agit-il cette fois ? Cette force, cette contrainte pour être plus précis, tend à repousser les étoiles les unes des autres, à étendre l'Univers, comme une sorte de *pression négative*. Je reviendrai sur cette notion de pression négative à propos de la hauteur des arbres (chapitre 8) car je sais qu'elle dérange même les physiciens professionnels et il se trouve que cela concerne une partie de mes propres recherches ; pensons simplement pour l'instant que si l'on comprime un gaz dans un cylindre, avec un piston, on lui applique une pression positive qui tend bien sûr à rapprocher les atomes ou molécules qui s'y trouvent. Si l'on imagine une action inverse, si l'on tire sur le piston au lieu d'appuyer, on détend le gaz, on écarte les molécules. Le problème est qu'on ne peut pas appliquer une pression négative à un gaz classique ordinaire, c'est impossible : on peut réduire la pression en dessous de la pression atmosphérique ordinaire (+ 1 bar), mais, à mesure que la détente progresse, le gaz est de plus en plus dilué, sa pression et sa densité tendent vers zéro ; c'est la loi des gaz parfaits, une conséquence de l'absence d'interactions entre les molécules ou atomes qui constituent ce gaz. Appliquer une pression négative à un solide ou à un liquide classique est en revanche banal : cela signifie que l'on tire assez fort dessus. Nous verrons que la pression est négative, dans la sève, en haut des grands arbres. Mais l'Univers est une sorte de gaz d'étoiles, pas un solide ni un liquide où règne une forte cohésion entre molécules.

Pour que l'Univers soit sous pression négative, il y faut donc une cause qui n'est pas classique, par exemple quantique. Cela devient difficile à expliquer, mais ce n'est pas étonnant : c'est sur quoi butent désormais de nombreux chercheurs. On sait depuis le tout début du XXIe siècle, que l'existence d'une énergie noire implique celle d'une force qui tire sur l'Univers, on sait que l'effet de cette énergie noire sur la dynamique de cet Univers est trois fois plus intense que celui de toute la matière qui s'y trouve, qu'elle soit visible ou pas ; on sait enfin qu'en conséquence l'expansion de l'Univers s'accélère, et cela depuis 5 milliards d'années, alors que, sans elle, l'expansion ralentirait nécessairement. Des mesures concordantes ont été réalisées non seulement sur le rayonnement fossile, mais aussi sur l'explosion de certaines étoiles et sur des mirages gravitationnels. On est donc certain que cette énergie noire existe, et pourtant, on ne sait absolument pas d'où elle peut bien provenir ! Certains évoquent ce qu'ils appellent les « fluctuations quantiques du vide », mais cela donnerait une énergie noire colossale n'ayant rien à voir avec la réalité observée. C'est donc autre chose. Existe-t-il une symétrie inconnue dans la physique ? Est-ce ce que commencent à prévoir les théories dites « supersymétriques » qui tentent d'unifier la relativité générale et la mécanique quantique ?

Voilà, nous sommes arrivés à la pointe de la recherche contemporaine, à une frontière de la connaissance où les physiciens avouent ne pas savoir, ne pas comprendre. On a appris tellement de choses sur l'Univers en un siècle que les questions aujourd'hui posées sont encore plus mystérieuses que celles qu'on se posait auparavant.

Un mot supplémentaire d'Einstein pour conclure ce chapitre. Il se trouve que c'est lui, le premier, qui avait eu l'idée d'une telle force mystérieuse. Il l'avait introduite en 1916 sous forme d'une constante, dite « cosmologique », dans les équations d'évolution de l'Univers. Cette histoire est intéressante parce que, à l'époque, la théorie du Big Bang n'existait pas et Einstein croyait que l'Univers était stable. Mais, comme les étoiles s'attirent, son modèle avait besoin d'une force pour empêcher l'Univers de s'effondrer sur lui-même. Einstein avait donc introduit sa constante pour représenter ce qu'on appelle aujourd'hui l'« énergie noire ». Plus tard, il avait considéré que cette constante était artificielle, n'avait aucune justification physique, et que son introduction avait été l'erreur de sa vie. Aujourd'hui, à la fois grâce à Einstein et malgré lui, la constante cosmologique a refait surface.

À bien y réfléchir, j'ai l'impression que nous avons tous tendance à croire que l'Univers, la nature, la vie sur Terre, tout cela est stable et bienveillant et que, sauf si nous détruisons nous-mêmes le bel équilibre qui nous est offert, l'avenir est sans catastrophe. Derrière ces idées reçues, il doit y avoir la croyance que le monde ne peut pas avoir été créé pour ne pas durer. Et pourtant, il faut bien l'admettre, ce n'est pas vrai : l'Univers n'est pas stable, le Soleil et la vie sur Terre auront nécessairement une fin. Ce n'est pas une raison pour accélérer cette fin, mais la vie, et surtout la vie des hommes, n'est qu'un épisode passager dans la longue histoire de l'Univers.

2

Mon cousin le poireau

21 janvier 2001.

Je déjeunais hier avec Pascale, une amie neuropsychiatre. Elle me parlait du test de Rorschach. On dépose de l'encre sur une feuille. On la plie en deux, puis on la déplie. Et l'on obtient une tache symétrique. On demande ensuite aux gens à quoi la tache les fait penser.

Dans son service hospitalier, ils ont gardé les résultats et les analyses des anciens tests, ainsi que la trace des gens testés donc un moyen de les retrouver. Ils souhaitent aujourd'hui examiner ce que ces gens sont devenus, au vu de l'analyse psychologique faite à l'époque.

Bravo ! Voilà un bel exemple de démarche scientifique ! Ces psychiatres ont le courage d'affronter la preuve expérimentale de leurs erreurs possibles !

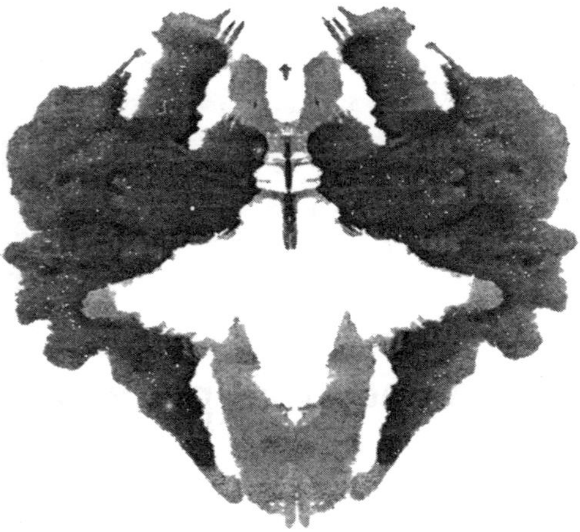

L'une des taches d'encre symétriques que Hermann Rorschach élabora au cours de la préparation de son test de psychologie.

Nous en avons souri ensemble. Il est vraisemblable que cette expérience va mettre en lumière les fragilités de ces tests et faire ainsi progresser leur discipline.

Je me souviens qu'on m'avait fait passer ce test pendant mon service militaire et je me demande bien ce qu'a pu être le diagnostic du colonel psychologue qui dirigeait l'opération. Jamais les résultats ne m'ont été communiqués. Jamais personne n'en a discuté avec moi. Je me demande donc dans quel but exact ce test m'a été fait. Était-ce anonyme, aux fins de la recherche en psychologie militaire ? Ou bien était-ce nominatif, à verser dans les archives de je ne sais quel Big Brother ?

Nous avons échangé un nouveau sourire.

La confiance étant fermement établie entre nous, j'ai alors posé à Pascale une question d'apparence critique :

– Comment se fait-il qu'on teste la psychologie des gens avec des taches symétriques ?

La symétrie est loin d'être anodine pour nous tous. Notre corps est symétrique, du moins en apparence et à peu de chose près. Dans une glace, nous voyons bien que notre moitié gauche ressemble à notre moitié droite.

Ressemble...

Mais, justement, nous avons une main droite et une main gauche qui ne sont pas exactement pareilles. Nous savons bien que nous ne pouvons pas enfiler un gant gauche sur une main droite. Donc notre corps est fait de deux moitiés qui sont symétriques, mais pas identiques, une moitié gauche et une moitié droite.

On peut admirer l'harmonie d'un corps idéal qui serait très précisément symétrique, ou au contraire prendre plaisir à savoir qu'aucun corps humain n'est exactement symétrique.

D'autres expérimentateurs en psychologie ont fabriqué des portraits synthétiques sur ordinateur en complétant une vraie moitié de visage avec une autre moitié calculée exactement symétrique. Il semble que le résultat, trop parfait, soit un peu étrange. L'œil, avec son cerveau derrière qui fait de l'analyse d'images, est une curieuse machine formidablement précise puisqu'il est capable de déceler de très faibles écarts de symétrie, mais aussi sous l'emprise de notre inconscient. J'imagine que les psychologues réfléchissent à ce genre de problèmes. Pascale ne m'a pas dit comment ils tentaient de les résoudre.

J'ai alors posé une autre question :

– Mais tu sais qu'il y a un grand problème de symétrie dans le vivant ?

Comme elle ne semblait pas voir de quoi je voulais parler, je lui ai expliqué pourquoi, apparemment, nous sommes tous cousins, non seulement entre nous, mais aussi avec les poireaux, les requins et les cèpes de Bordeaux, les girolles, si vous préférez.

Parmi les molécules qu'on trouve dans les êtres vivants, il y en a beaucoup qui ne sont pas symétriques. Je veux dire qu'elles ne sont pas identiques à leur image dans un miroir. Elles sont « chirales », c'est-à-dire comme ma main gauche dont l'image dans un miroir est une main droite.

Il y a donc des molécules gauches et des molécules droites. Parmi elles, l'ADN, très longue molécule qui s'embobine sur elle-même pour former nos chromosomes. L'ADN est le support de notre hérédité, mais, si je commence à raconter cela, on va perdre le fil de mon affaire de gauche et de droite. On aura bien l'occasion d'en reparler.

Ce qui m'intéresse ici, c'est que l'ADN est comme une ficelle à deux brins, enroulés l'un sur l'autre en double hélice. Un tire-bouchon, c'est aussi une hélice. Et un tire-bouchon a un sens. Pour l'enfoncer dans un bouchon, il faut généralement tourner à droite, sauf si c'est un tire-bouchon pour gauchers. De même qu'il y a des tire-bouchons pour droitiers et d'autres pour gauchers, il y a donc des hélices droites et des hélices gauches. Eh bien, l'ADN est une double hélice droite ! Et c'est vrai non seulement de notre ADN humain, mais aussi de celui de tous les êtres vivants. De plus, il existe de nombreuses biomolécules qui sont chirales, par exemple les acides aminés. Or on ne trouve jamais les deux formes : pour tel acide aminé ou telle autre biomolécule, soit les êtres vivants ont tous la forme gauche, soit ils ont tous la forme droite, la nature a fait un seul choix pour tous.

Cette asymétrie du vivant a été découverte en 1844 par un chimiste allemand, Misterlich, puis soigneusement étudiée par Pasteur sur les cristaux qui constituent le tartre dans les tonneaux de vin. Ces cristaux ont des propriétés optiques très particulières, ils font tourner vers la droite la polarisation de la lumière. Mais lorsqu'en 1848 Pasteur synthétisa les cristaux de tartre dans un tube à essais, il trouva à la fois des cristaux droits et des cristaux gauches dont les formes étaient les images les unes des autres dans un miroir. Trouver autant de cristaux droits que de gauches dans une synthèse chimique semblait normal puisque les atomes ont exactement les mêmes liaisons chimiques dans les molécules, que celles-ci soient droites ou gauches.

Dans ces conditions, comment se fait-il que ces biomolécules soient, disons pour simplifier, droites *in vivo* (dans les êtres vivants), mais droites et gauches *in vitro* (dans un tube à essais) ? On considère généralement que c'est lié aux origines de la vie sur Terre.

La vie est apparue sur Terre il y a presque 4 milliards d'années, dans des conditions qui sont mal connues, mais on pense généralement que nous sommes tous les descendants d'un premier organisme unicellulaire. Si plusieurs organismes étaient apparus à la fois, en différents endroits, il n'y aurait aucune raison que certains êtres vivants n'aient pas été gauches et d'autres droits, en termes de molécules bien sûr, je raccourcis. On ne voit pas non plus pourquoi des êtres gauches auraient eu une chance de survie supérieure à celle d'êtres droits. On pense donc généralement que nous descendons tous d'un même ancêtre commun. Il y a quelques milliards d'années, cet ancêtre unicellulaire a dû commencer à se reproduire, c'est-à-dire à *vivre*. Quelles mutations a-t-il subies ensuite pour donner les différentes branches du grand arbre de l'évolution, avec ses plantes, ses champignons, ses animaux mammifères, poissons ou insectes variés, je laisse aux biologistes le soin de l'expliquer. Ces mêmes biologistes lui ont donné un nom : LUCA pour « *Last Universal Common Ancestor* ».

Rien à voir donc avec Adam, *a fortiori* avec Ève soi-disant née de la côte d'Adam. La réalité à laquelle les scientifiques sont arrivés, qu'ils s'acharnent aussi à vérifier, est bien plus simple et fascinante : nous sommes tous cousins des poireaux, des requins et des cèpes, puisque notre lointain aïeul est le même. Je me demande combien de gens dans le monde y pensent. Je crains qu'il y en ait beaucoup plus qui croient au mythe d'Adam et Ève, ou qui ne se posent pas la moindre question sur leurs origines.

L'équivalence entre la droite et la gauche a donc été rompue par l'apparition de la vie. Le vivant a brisé la symétrie droite-gauche.

Quel rapport avec ma physique ? De même qu'on se demande pourquoi le vivant est construit à partir de molécules droites et pas gauches (je simplifie à nouveau), de même on se demande pourquoi l'Univers est fait de matière et pas de quelque chose d'autre, qui est symétrique de la matière et qu'on appelle l'antimatière. Vous croyez peut-être que l'antimatière n'est qu'un ingrédient imaginaire pour romans de science-fiction ? Vous croyez peut-être aussi que tout ce qui possède une masse est de la matière et réciproquement ? Au XXe siècle, il a fallu réviser ces croyances, et l'histoire de cette révision éclaire la façon étonnante dont la physique progresse parfois, par surprises et rebondissements.

La surprise a eu lieu vers 1928 lorsque Paul Dirac, physicien anglais né à Bristol en 1902 et futur détenteur de la même chaire que Newton à Cambridge, écrivit l'équation qui porte désormais son nom. La relativité et la mécanique quantique étaient encore adolescentes. Einstein avait bouleversé nos conceptions ordinaires de l'espace et du temps, établi une relation entre masse et énergie (la célèbre équation $E = mc^2$), affirmé que les lois de la mécanique classique, celles de Galilée et de Newton, devaient être modifiées dès que la vitesse des objets considérés s'approchait d'une constante universelle, la vitesse de la lumière (on m'excusera, je l'espère, de résumer une telle révolution en si peu de mots). De son côté, la mécanique quantique avait entrepris de décrire le comportement des particules comme si c'étaient des ondes, ce n'était pas rien non plus, mais son équation centrale, l'équation de Schrödinger, n'était valable que si la vitesse des particules était faible par rapport à celle de la lumière. Or l'électron va vite dans l'atome d'hydrogène, il doit donc y être décrit par la mécanique quantique mais aussi par la relativité. Dirac écrivit donc une généralisation relativiste de l'équation de Schrödinger afin de pouvoir décrire le comportement des électrons rapides.

Succès !

Parmi les solutions de son équation, Dirac en trouva deux qui correspondaient à ce qu'il cherchait au départ. Il s'agissait d'électrons dont l'aimantation – ce qu'on appelle leur « spin » en physique quantique – était soit vers le haut, soit vers le bas.

Surprise !

Dirac trouva autre chose. Son équation contenait davantage que ce qu'il y avait mis au départ. Un autre type de particules apparaissait dans les solutions, que Dirac avait du mal à comprendre. Ou bien ces nouvelles particules avaient une énergie négative, ce qui était difficile à concevoir, ou bien leur charge était opposée à celle des électrons, c'est-à-dire positive. Dirac crut d'abord que ces particules de charge positive étaient des protons, mais à la suite de remarques de Robert Oppenheimer et d'Hermann Weyl, il admit en 1931 que ces autres particules avaient la même masse que les électrons, 2 000 fois moins que les protons, mais une charge opposée : des inconnues !

Fantaisie mathématique ? Égarements de la théorie ? Pas du tout ! Un an seulement plus tard, en 1932, Carl D. Anderson découvrit ces nouvelles particules, des anti-électrons qui furent baptisés « positrons[5] ». Elles sont produites dans la haute atmosphère par les rayons cosmiques, c'est-à-dire les radiations qui nous arrivent du Soleil. Ainsi, c'était donc vrai, tout ce qui avait une masse n'était pas forcément de la matière, ce pouvait être de l'antimatière, une sorte de matière dont la charge était opposée.

Plus tard, Richard Feynman décrivit les particules dans un formalisme plus général qui permettait de se représenter les antiparticules comme des particules qui... remontaient le cours du temps[6].

Voilà qu'après nous avoir forcés à considérer que l'antimatière était symétrique de la matière pour une question de charge électrique, les physiciens nous obligeaient à considérer le symétrique du temps ordinaire, celui qui se déroule à l'envers. Feynman, pour qui cela ne posait pas de problème, expliquait aussi comment la matière et l'antimatière, dès qu'elles se rencontraient, devaient s'annihiler et produire de la lumière de très grande énergie, des « photons gamma ». Inversement, de la lumière de très haute énergie pouvait donner naissance à de la masse, une particule de matière *et* une particule d'antimatière. La séparation entre lumière et matière disparaissait.

Ce phénomène étonnant, qui prouve à nouveau que la matière n'est pas vraiment ce qu'on croyait avant,

5. Les « positons » des médecins sont les mêmes particules que les « positrons » des physiciens. Pour s'en servir dans leurs appareils d'imagerie médicale, les médecins ont dû ressentir le besoin de se les approprier vraiment en modifiant leur nom.

6. Il précisa un peu plus tard qu'il fallait aussi les transformer en leur image dans un miroir, c'est-à-dire remplacer des particules qui tournent à gauche par des antiparticules qui tournent à droite. La chiralité revient.

puisqu'elle peut apparaître et disparaître, se transformer en lumière et réciproquement, a fait l'objet de nombreuses vérifications expérimentales. Pour qu'il ait lieu, il faut étudier des événements qui mettent en jeu de très hautes énergies : on y est arrivé dès 1955 dans un accélérateur de particules de Stanford. Et, aujourd'hui, toutes les antiparticules symétriques des particules connues ont été découvertes. Certaines, comme les photons, les quanta de lumière, sont leur propre antiparticule, mais il y a les anti-électrons, les anti-protons, etc. Récemment, on a réussi à fabriquer un anti-atome d'hydrogène, avec un positron qui tourne autour d'un anti-proton, et l'on aimerait bien savoir si, dans le champ de pesanteur de la Terre, cet anti-atome d'hydrogène tombe à la même vitesse qu'un atome d'hydrogène ordinaire. Je ne vais pas vous parler de ce rebondissement-là, mais d'un autre, que la découverte de l'antimatière n'a pas tardé à déclencher.

Donc l'antimatière existait. Au début de l'histoire connue de l'Univers, juste après le Big Bang, l'énergie devait être si grande que matière et rayonnement n'étaient pas distinguables l'une de l'autre. Dans ce scénario que tout le monde ou presque admet aujourd'hui, c'est seulement lorsque l'expansion a été suffisante pour que la concentration d'énergie diminue que la matière a pu se distinguer de la lumière et apparaître. Mais alors, si la symétrie matière-antimatière est bien réelle, pourquoi n'y a-t-il pas autant d'antimatière que de matière dans notre Univers ? C'était pourtant bien ce que, dans leurs grands accélérateurs de particules, les physiciens des particules observaient : lorsqu'ils créaient de la matière, ils créaient autant d'antimatière.

Je me souviens que, dans mon équipe de recherche, lorsque je préparais ma thèse de doctorat, plusieurs d'entre nous avaient des ascendances juives[7]. On racontait une blague qui se terminait ainsi : « [...] il doit donc exister quelque part un anti-Soleil, autour duquel doit graviter une anti-Terre, sur laquelle doit se trouver une anti-France et même des anti-laboratoires de physique. Dans ces anti-laboratoires, il doit donc y avoir des antisémites... » À la réflexion, ce n'était pas très drôle. Mais surtout, ce n'est pas vrai ! S'il y avait des zones d'antimatière dans l'Univers, sa rencontre avec de la matière dégagerait des quantités d'énergie colossales. Pourquoi ne pas en calculer l'ordre de grandeur ensemble ? L'occasion d'utiliser $E = mc^2$ est trop belle. Imaginons qu'un kilogramme d'hydrogène rencontre un kilogramme d'antihydrogène. C'est très peu à des échelles astronomiques, et pourtant l'énergie dégagée serait de l'ordre de $2\ mc^2$; avec m = 1 kg et la vitesse de la lumière c = 300 000 000 m/s, cela ferait 180 millions de milliards de joules, c'est-à-dire la production typique d'un ensemble de six centrales nucléaires pendant un an entier. Or la masse d'un anti-Soleil serait énormément plus grande que un kilogramme...

Si de telles rencontres matière-antimatière avaient lieu dans l'Univers, cela produirait tellement de lumière que cela se verrait. Pourquoi n'y a-t-il donc pas d'antimatière dans l'Univers ? Cette question obsédante, ce rebondissement de la physique après les succès de l'équation de Dirac, n'a pas vraiment été résolue, bien qu'on sache dans quelle direction chercher.

Il est possible qu'une fluctuation au départ ait brisé la symétrie au début du Big Bang et qu'un léger excès de matière ait suffi pour qu'aujourd'hui il ne reste plus que de la matière alors qu'il s'était formé presque autant de matière

7. L'un d'entre nous, sans doute d'origine bretonne, s'appelait même Goy, c'est-à-dire « non juif » en yiddish ! La réalité dépasse parfois la fiction.

que d'antimatière. Si je tiens un crayon debout sur sa pointe et que je le lâche, il tombe d'un côté qui dépend de sa position exacte au moment où je l'ai lâché. Même si un physicien idéal préparait un équivalent idéal de crayon dans une position idéalement symétrique, la physique moderne nous disant que tout fluctue, au moment exact où le crayon serait lâché il serait impossible d'affirmer qu'il ne penchait pas déjà un peu d'un certain côté. Les questions de brisure spontanée de symétrie sont au cœur des progrès que la physique a accomplis dans la compréhension des changements d'état tels que le passage d'un état liquide à un état cristallin solide et bien d'autres. Mais, pour ce qui est de l'Univers, la brisure de symétrie entre matière et antimatière semble résulter de causes très profondes.

Pendant longtemps, les physiciens ont cru que, s'ils observaient une image du monde dans un miroir, toutes les lois seraient les mêmes, de sorte qu'ils seraient incapables de faire une différence avec l'observation directe du monde sans miroir. On sait aujourd'hui que c'est faux, la symétrie miroir, qu'on appelle aussi « parité P », n'est pas respectée lorsque certaines interactions sont en jeu. Tant qu'il s'agit d'interactions électriques ou magnétiques, ou encore gravitationnelles (l'attraction des masses entre elles), pas de problème. Mais il existe deux autres interactions dans la nature, l'une dite « forte » qui est responsable de la cohésion de la matière nucléaire, et l'autre dite « faible » qui entre en jeu dans certains processus de désintégration, nucléaire toujours. En 1956, T. D. Lee et C. N. Yang ont prédit que l'interaction faible ne respectait pas la symétrie miroir, et madame Wu l'a démontré en étudiant l'émission d'électrons par du cobalt radioactif. On a donc prouvé que l'interaction faible n'était pas la même dans un monde miroir : les physiciens disent qu'elle « viole la parité ».

Dans l'état actuel de nos connaissances, on pense qu'un système physique obéit exactement aux mêmes lois si l'on effectue trois transformations à la fois : non seulement une symétrie miroir P qui échange la gauche et la droite (en toute rigueur le haut et le bas aussi, ce n'est donc pas, en fait, un miroir ordinaire), mais aussi une symétrie temporelle T qui inverse le sens du temps et enfin une symétrie de charge C qui échange matière et antimatière. Connaissez-vous Andreï Sakharov, grand physicien qui, après avoir inventé la bombe H soviétique a résisté héroïquement au régime de son pays, ce qui lui valut le prix Nobel de la paix en 1975 ? En 1965-1967, au moment où il ralliait l'intelligentsia dissidente, Sakharov a proposé que changer seulement le signe des charges et la parité (effectuer une symétrie CP) ne devait pas laisser l'Univers inchangé. Cela signifie donc aussi que les lois qui gouvernent l'Univers, au moins dans le domaine des grandes énergies qui concerne les débuts de son histoire, changent elles aussi lorsqu'on renverse le sens du temps.

Précisons un peu cette affaire de sens du temps. Depuis Boltzmann[8], on sait que, pour un objet à notre échelle, un « système macroscopique », le temps se déroule dans un sens qui est celui de l'augmentation du désordre : si je construis un château de cartes et que j'attends sans y toucher, il y a toutes les chances que les cartes tombent par terre en désordre. Si ensuite j'espère qu'un souffle d'air va reconstruire mon château de cartes, je peux toujours attendre, la probabilité que cela ait lieu est quasi nulle. Donc le sens dans lequel se déroule notre temps, celui que nous percevons, est

8. Ludwig Boltzmann, physicien et philosophe autrichien né à Vienne en 1844, fonda la physique statistique en créant la théorie cinétique des gaz. Vivement critiqué à partir de 1880, malade, il se suicida près de Trieste en 1906.

déterminé par des questions d'ordre et de statistique. Mais pour des particules, on a longtemps pensé que c'était différent. Lorsqu'on regarde le film d'un choc entre deux boules de billard, on est incapable de dire si le film est projeté à l'endroit ou à l'envers ; de même on pensait que, pour des particules, les lois étaient indépendantes du sens dans lequel le temps se déroulait. Or c'est faux, on connaît aujourd'hui des processus de désintégration de certaines particules, des « mésons K neutres », qui violent la symétrie du temps.

Au début de l'expansion de l'Univers, il est donc possible que la désintégration de certaines particules ait donné naissance à davantage de matière que d'antimatière, ou que la durée de vie de certaines particules ait été différente de celle de leurs antiparticules. On cherche activement de tels processus, et on en trouve. En 2004, dans une expérience répondant au joli nom de « BaBar », on vient de découvrir que certaines particules exotiques, des mésons B, vivaient plus longtemps que leurs antiparticules, des B avec une barre au-dessus sans doute, d'où le nom de l'expérience. Je ne me risquerai sûrement pas à prétendre que les mécanismes qui ont violé la symétrie matière-antimatière au début de l'Univers soient connus, il y en a apparemment plusieurs possibles, ni que l'on comprend pourquoi la densité de matière est telle qu'on l'observe dans l'Univers actuel. C'est l'un des chantiers ouverts aux physiciens des particules du XXIe siècle. Ils risquent fort d'y découvrir d'autres particules, dont le comportement fera peut-être évoluer le « modèle standard » qui décrit les particules actuellement connues.

J'ai donc avoué à Pascale que je ne savais pas pourquoi notre monde n'avait pas d'antimonde dans son voisinage.

3

Je suis radioactif

Oui, je suis radioactif, d'ailleurs vous aussi. La radioactivité naturelle d'un homme est en effet d'environ 100 becquerels par kilogramme (100 Bq/kg) et comme je pèse 80 kg, ma radioactivité est d'environ 8 000 Bq. Si vous êtes une femme de 55 kg, votre radioactivité naturelle est d'environ 5 500 Bq.

Mais c'est beaucoup 8 000 Bq ? Qu'est-ce que cela représente, « 1 becquerel » ? Est-ce que je suis en danger ?

Le becquerel est une toute petite unité que tout le monde devrait connaître tant on s'en sert dès qu'il s'agit de radioactivité et tant elle est simple : les éléments radioactifs sont instables, ils subissent des réactions dites « nucléaires » parce qu'elles concernent leurs noyaux. Au cours de ces réactions, qui sont spontanées, les noyaux des atomes « radioactifs » se désintègrent pour former d'autres noyaux, de manière aléatoire, au bout d'un certain temps. En se désintégrant, la matière émet des radiations qui peuvent être des noyaux d'hélium, des électrons, de la lumière de très haute énergie, et bien d'autres choses plus exotiques. Le nombre de becquerels d'un morceau de matière, c'est le nombre de ses désintégrations par seconde. Or tout corps humain contient un peu de potassium 40 et de carbone 14[9]. Ce sont deux éléments radioactifs qui émettent en permanence des radiations dans notre corps. Le carbone 14 se transforme lentement en azote 14 en émettant essentiellement un électron ; quant au potassium 40, il se transforme d'une manière analogue soit en calcium 40, soit en argon 40. Mon corps est donc irradié en permanence par 8 000 réactions nucléaires toutes les secondes. Heureusement, je suis un grand assemblage d'environ 50 milliards de milliards de milliards d'atomes, et 8 000 c'est peu, bien que parfaitement mesurable.

Si je vous assène ces quelques chiffres, c'est parce que ma passion des ordres de grandeur me reprend à chaque fois qu'un journal donne des chiffres sans les comparer à d'autres. Ce fut le cas en avril 2001, lorsque *Le Monde* se fit l'écho des accusations de la CRIIRAD. Cette « Commission de recherche et d'information indépendante sur la radioactivité » est une association privée dont l'étiquette « indépendante » signifie qu'elle n'a rien d'officiel. D'après la CRIIRAD

9. Le nombre qui suit la désignation d'un isotope est la somme du nombre Z de protons et du nombre N de neutrons que contient le noyau. Le nom d'un élément correspond au nombre de protons, mais chaque élément existe sous forme de divers isotopes qui correspondent chacun à un nombre de neutrons différent. En gros, si Z est à peu près égal à N, comme dans le carbone ordinaire, le carbone 12 (Z = N = 6), ou le carbone 13 (N = 7), l'isotope est stable. Mais si N est trop grand ou trop petit, l'isotope est radioactif, instable. Ainsi le carbone 14 se désintègre en azote 14 en émettant un électron et une autre particule appelée « neutrino ».

donc, qui avait effectué 3 000 prélèvements pour en arriver à ces conclusions alarmantes, le nuage de Tchernobyl avait produit, en arrosant la France au printemps 1986, une grave contamination radioactive au césium 137 qui, en l'an 2000, atteignait 5 000 becquerels par mètre carré (5 000 Bq/m^2) dans certains endroits du Languedoc et 50 000 Bq/m^2 dans le Mercantour.

Combien de gens ces nombres à beaucoup de zéros ont-ils effrayés ? Quel profit la CRIIRAD tentait-elle de tirer de cette manipulation des esprits ? Si elle avait utilisé une grande unité, par exemple le curie (Ci) qui est la radioactivité d'un gramme de radium 226 (37 milliards de désintégrations par seconde), la radioactivité de certains petits creux de ravins du Mercantour n'aurait été que de 1,4 millionième de curie et cela aurait moins fait sensation. Je rêve que davantage de journalistes aient des réflexes de physiciens et relativisent toutes choses en considérant leurs ordres de grandeur avant d'en faire leurs gros titres.

5 000 Bq, dans certains endroits du Languedoc, c'est donc parfaitement mesurable avec un compteur Geiger moderne, qui est en effet très sensible, mais c'est moins que la radioactivité naturelle de la personne qui a fait la mesure ! Réunir six personnes dans un ascenseur concentre sur 1 m^2 une radioactivité de 50 000 Bq, autant que ce maximum alarmant enregistré sur ce que certains appellent les « taches de léopard » du Mercantour. Combien de gens réalisent-ils que le granit étant 100 fois plus radioactif que l'homme, il suffit d'un caillou en granit de 5 kg (à peine quelques centimètres de trottoir) pour atteindre à nouveau les mêmes 50 000 Bq considérés par la CRIIRAD comme une catastrophe ?

Si la CRIIRAD accuse les pouvoirs publics d'avoir dissimulé l'existence de graves dangers liés au passage du nuage de Tchernobyl[10], il serait logique que la même CRIIRAD demande l'interdiction des ascenseurs à six personnes, et celle des trottoirs en granit, ainsi bien sûr que l'escalade à Chamonix et les promenades en Bretagne, non ?

Je ne suis pas un pronucléaire. J'aimerais bien, au contraire, qu'on puisse éviter d'avoir recours aux centrales nucléaires pour produire l'énergie du futur. Mais est-ce possible ? Pas sûr. Ce débat est d'une importance capitale pour l'avenir de nos modes de vie. Afin que chaque citoyen puisse y participer sereinement sans se laisser abuser par la propagande de tel ou tel groupe de pression, sans se contenter d'échanger des slogans, il suffirait que chaque citoyen apprenne un minimum de notions relativement simples sur la radioactivité.

Je reviendrai sur l'avenir de la production et de la consommation d'énergie sur Terre. Pour l'instant, je me contenterai de quelques mots de biologie, quelques mots d'archéologie et quelques mots d'histoire, celle de la Terre et de sa fille, la Lune, et de vous montrer à la fin que la réalité de la science dépasse parfois la science-fiction.

---

10. On ne tentera jamais assez de réparer la désinformation qui a accompagné le passage de ce nuage en France. Le Service central de protection contre les rayonnements ionisants, service officiel dirigé à l'époque par le professeur Pellerin, a bien constaté, dès le 30 avril 1986 une « légère augmentation de la radioactivité » en France, qu'il a communiquée au public et confirmée le 2 mai. En Suisse, de nombreuses femmes ont décidé d'avorter en juin 1986, à la suite des messages alarmistes qui les ont inquiétées. En France au contraire, aucune panique comparable n'a eu lieu. À la fin d'une interview avec les responsables français sur le pont de l'Europe, entre Strasbourg et Kehl, un journaliste a conclu : « C'est comme si le nuage n'avait pas traversé le Rhin. » Le mythe était né. Des esprits mal intentionnés ont mis cela dans la bouche du professeur Pellerin, sous la forme « le nuage de Tchernobyl n'a pas traversé le Rhin », puis ironisé. Réparer la calomnie est généralement impossible.

À l'époque où Henri Becquerel et Pierre et Marie Curie ont découvert la radioactivité naturelle, le phénomène semblait tellement extraordinaire que certains ont cru pouvoir tout guérir en irradiant les gens. Mais Marie Curie est morte d'une leucémie provoquée par les doses massives de radiations qu'elle avait reçues en manipulant son radium à longueur de journée. Et puis, bien sûr, les Américains ont lâché sur Hiroshima puis sur Nagasaki deux bombes atomiques dont la motivation est aujourd'hui avérée : faire peur au monde entier plus que gagner une guerre qui l'était déjà. Ils ont parfaitement réussi leur coup et c'est à juste titre que l'humanité est terrifiée par l'énorme puissance destructrice des armes nucléaires. Entre les espoirs absurdes d'il y a cent ans et les terreurs paniques d'aujourd'hui, il est tout de même nécessaire de tenter de réfléchir sereinement, de considérer la radioactivité comme ce qu'elle est vraiment : omniprésente à faibles doses, susceptible d'applications très utiles (y compris médicales), source d'énergie cruciale à la condition expresse que l'on parvienne à traiter les déchets des centrales nucléaires (ce qui est loin d'être certain), principe physique aussi d'une arme de destruction véritablement massive puisque capable de faire sauter la planète entière.

Il n'est pas si simple d'adopter une attitude raisonnable sur la radioactivité. Généralement, cela ne se voit pas qu'un corps est radioactif ! Par ailleurs, comme nous sommes tous soumis à une radioactivité naturelle qui ne semble pas nous empêcher de vivre, comme vivre dans une région granitique telle que la Bretagne ne semble pas présenter un risque de cancer plus élevé qu'ailleurs (fumer, en revanche…), il semble qu'il y ait un seuil en dessous duquel le risque est négligeable et au-dessus duquel il est réel. Mais ce seuil existe-t-il vraiment ? Si oui, peut-on le définir précisément ? Voilà une question très intéressante qui ne me paraît pas résolue. On sait que, dans nos cellules, il existe des mécanismes de réparation des molécules d'ADN qui constituent nos chromosomes. Ces mécanismes sont nécessaires même en l'absence d'irradiation : il y a des erreurs de transcription et de recopiage. Est-il possible d'imaginer que les cellules ont le temps de réparer leur ADN en cas d'irradiation faible mais pas en cas d'irradiation forte ? Je ne le sais pas. Ce qui me fait penser que personne d'autre ne le sait vraiment non plus, c'est que les seuils légaux d'irradiation sont toujours calculés à partir de la radioactivité naturelle : en gros, si vous êtes soumis à une irradiation qui est de l'ordre de la radioactivité naturelle, la loi considère que vous n'êtes pas en danger. Mais si cela dépasse nettement cette radioactivité naturelle, alors le législateur a décidé de tirer la sonnette d'alarme. En attendant que des radiobiologistes comprennent mieux comment l'ADN est réparé dans les cellules, cette attitude des législateurs me paraît tout à fait raisonnable : on ne peut pas vivre comme si la radioactivité n'existait pas, il faut donc trouver une réglementation, et l'on applique une sorte de principe de précaution en attendant d'en savoir plus.

Certains antinucléaires obsessionnels voudraient que toute irradiation soit interdite, quelle qu'elle soit, mais c'est absurde, on ne peut pas éliminer la radioactivité naturelle. Que l'on ne croie pas néanmoins que j'ignore l'aspect émotionnel de ces questions et que je me cantonne à une vision strictement scientifique qui les réduirait à de simples chiffres. Je suis parfaitement conscient que l'attitude des scientifiques eux-mêmes n'est pas seulement rationnelle. Je suppose que Marie Curie, qui manipulait son radium à mains nues (37 milliards de becquerels par gramme, la radioactivité de ses échantillons éclairait son hangar, la nuit, rue Lhomond !), ne pouvait pas ignorer les dangers que ses recherches représentaient pour sa propre santé mais ne voulait s'intéresser qu'à la radiothérapie des cancers des autres. Je me souviens très bien par ailleurs de ce que m'a raconté François Caron, avant de mourir en 1997. François était le seul ami vraiment proche que j'avais gardé de mes études supérieures. Il avait commencé sa carrière de chercheur comme physicien, en s'intéressant aux cristaux liquides. Mais, très vite, c'est vers la biologie moléculaire qu'il s'était tourné. Il travaillait sur le code génétique, c'est-à-dire sur le codage de l'information le long des molécules d'ADN. C'est une sorte de langage qui s'écrit avec quatre lettres (A, T, G, C) et dont les mots sont toujours des groupes de trois lettres. Le métabolisme des cellules fonctionne grâce à la lecture permanente de ces mots de trois lettres. Vers la fin du XXe siècle, les biologistes ont progressivement mis au point des méthodes physico-chimiques de lecture de ce langage. Comme dans tout langage, il est utile de savoir quand commence un message et quand il finit, quels sont les signes qui ponctuent, en quelque sorte, chaque phrase, c'est-à-dire chaque séquence qui code pour la synthèse de telle ou telle protéine. Or il semblait que le codage de ces ponctuations était le même pour tous les êtres vivants : les gènes n'étaient pas les mêmes d'une espèce à l'autre mais leur codage semblait obéir à des règles universelles. François cherchait une exception à cette universalité. Pour cela, il s'était mis à lire le code génétique des paramécies. À l'époque, ses recherches l'obligeaient à marquer les chromosomes de ses paramécies avec un élément radioactif, le phosphore 32. François savait que c'était dangereux. Il a manipulé des liquides radioactifs pendant des années avant de démontrer que les paramécies codaient leurs ponctuations génétiques différemment de toutes les autres espèces, ce qui prouvait que, dans le grand arbre de l'évolution, elles s'étaient détachées des autres depuis très longtemps. Mais a-t-il omis parfois de mettre des gants en plomb pour protéger ses mains ? Je le crains. A-t-il aussi renversé un peu de son liquide radioactif sur ses vêtements ? Aurait-il pu éviter de casser un de ses propres chromosomes dont le morceau est allé se recoller ailleurs avant de proliférer dans sa moelle osseuse ? L'envie de trouver était-elle à ce point plus forte que la crainte d'un danger invisible, et a-t-il commis une ou plusieurs imprudences ? Il est mort de sa leucémie, après plusieurs années d'abominables souffrances. J'aimais sa passion de la recherche, ses goûts musicaux et son énergie en haute montagne, son anticléricalisme viscéral acquis tel un vaccin à la fin de son éducation religieuse. Il me manque et je pense à lui, même lorsque j'énonce des chiffres bruts sur la radioactivité.

Revenons à la science.

Lors d'un bref passage au Conseil national des programmes, organisme placé auprès du ministre de l'Éducation, j'ai vivement insisté sur la nécessité pour tout lycéen d'avoir des connaissances minimales en matière de radioactivité. Si vous avez été en terminale S après 2001, vous devez donc avoir appris que la découverte du carbone 14 a bouleversé l'archéologie. C'est une belle histoire qui s'est déroulée en deux temps. En 1934, le physicien américain F. N. F. Kurie[11] s'aperçut qu'en exposant de l'azote à un flux de neutrons on pouvait produire du carbone radioactif, le ^{14}C. Puis, en 1946, Willard Franck Libby eut l'idée que le ^{14}C était produit en permanence dans la haute atmosphère de la Terre, où l'azote de l'air est irradié par le Soleil.

11. S'appeler Kurie et travailler sur la radioactivité... Cela me fait penser que j'ai un collègue américain, excellent théoricien des surfaces cristallines et autres questions de physique statistique qui s'appelle Einstein, mais pas Albert de son prénom tout de même. Je n'ai jamais osé lui demander s'il s'était parfois senti condamné à l'excellence.

Le Soleil est une énorme boule de gaz chauffé par des réactions de fusion nucléaire ; essentiellement, il brûle de l'hydrogène et produit de l'hélium et, ce faisant, émet de non moins énormes quantités de radiations de différentes sortes, ce qu'on appelle les « rayons cosmiques ». Voler trop longtemps à haute altitude, *a fortiori* dans un vaisseau spatial ou séjourner sur la Lune, est donc dangereux pour la santé. La vie ne s'est développée sur terre, je veux dire en dehors de l'eau, qu'à partir du moment où l'atmosphère a contenu suffisamment d'oxygène donc d'ozone pour protéger les être vivants du Soleil.

Au cours de réactions successives qui ont donc lieu dans la haute atmosphère, on a vérifié que des protons se transforment en neutrons pour être ensuite capturés par des noyaux d'azote ; de l'azote ^{14}N stable se transforme ainsi en carbone ^{14}C radioactif. Une fois formé, ce ^{14}C se combine à l'oxygène pour former du gaz carbonique $^{14}CO_2$, lequel se mélange au reste de l'atmosphère ; bien sûr, dans ces molécules de gaz carbonique, le ^{14}C se retransforme lentement en ^{14}N mais, depuis le temps que ce processus est à l'œuvre, un régime stationnaire a été atteint. La concentration en ^{14}C est stable dans toute l'atmosphère. Or les plantes absorbent le gaz carbonique et nous mangeons ces plantes, donc tous les êtres *vivants* contiennent la même proportion de ^{14}C. Comme nous l'avons vu, c'est l'une des causes de notre propre radioactivité. En revanche, dès que les êtres vivants meurent, leurs échanges avec l'atmosphère s'arrêtent et comme le ^{14}C se transforme en ^{14}N, sa concentration diminue. De combien ?

Tout radioélément a une certaine « durée de vie » comme on dit en physique nucléaire, c'est le temps au bout duquel l'élément a une chance sur deux de s'être désintégré. Pour le ^{14}C, elle est de 5 700 ans. Cela signifie que si un gramme de ^{14}C émet 13,6 électrons par minute et qu'on en mesure la radioactivité 5 700 ans plus tard, la moitié des ^{14}C se seront transformés en ^{14}N, et il n'émettra plus que 6,8 électrons par minute. Comment mesurer l'âge d'une poterie, celui d'un tas de cendres dans une grotte ou de n'importe quel autre objet préhistorique ? Il suffit de compter les électrons qui en sortent et de le peser. Cette méthode de datation valait bien un prix Nobel, et Libby l'obtint en 1960 (un prix Nobel de chimie ce qui prouve la proximité de ces deux branches des sciences naturelles). Les enjeux de la datation sont tellement importants que la méthode a été raffinée, pour répondre à de très nombreuses questions telles que, par exemple : le flux de rayons cosmiques est-il constant au cours du temps ? Aujourd'hui, cette méthode permet de dater des objets avec une précision remarquable, à condition toutefois que leur âge ne soit ni trop inférieur à 5 700 ans (la concentration en ^{14}C n'aurait pas suffisamment changé) ni trop supérieur (il ne resterait plus de ^{14}C).

Ainsi, la radioactivité naturelle n'est pas seulement une réalité, son étude a fourni à l'archéologie une méthode de datation qui lui faisait cruellement défaut auparavant. Et ce n'est pas tout : on peut mesurer des âges très divers grâce à toute une série d'isotopes radioactifs présents sur Terre. On peut aussi comparer entre elles les différentes méthodes de datation et vérifier que les âges trouvés sont les mêmes, quels que soient les éléments radioactifs utilisés.

Savez-vous par exemple quel est l'âge de la Terre ?

Vieille question, évidemment. On me permettra de passer rapidement sur les querelles d'interprétation de l'Ancien Testament : à quelques milliers d'années près, tous ces braves gens s'accordaient à penser que la Terre avait 5 000 ans, ce qu'ils croyaient être l'âge de l'homme. Non seulement Lucy, hominidée (c'était une femme) découverte en 1974 en Éthiopie, a environ 3 millions d'années, non seulement l'hominidé trouvé au Tchad en 2001 (Toumaï) a environ 7 millions d'années, mais ces deux ancêtres sont très jeunes par rapport à la Terre. L'*Homo sapiens* est encore plus jeune bien que beaucoup plus vieux que l'homme de la Bible : environ 150 000 ans. Or la Terre est trois mille fois plus vieille : 4,5 +/– 0,2 milliards d'années. L'homme n'est donc qu'une péripétie récente dans l'histoire de l'évolution et les résultats de la science contemporaine devraient inciter la religion chrétienne à quelque modestie : l'homme n'est qu'une conséquence tardive de la formation de la Terre, laquelle n'est pas le centre du monde ; le système solaire lui-même n'est d'ailleurs pas non plus au centre de notre galaxie, et heureusement car nous nous ferions vite avaler par le trou noir qui s'y trouve. Quant à notre galaxie, la Voie lactée que vous regardez, je l'espère, pendant les nuits d'été, comme une grande écharpe d'étoiles à travers le ciel, elle n'est pas non plus le centre de l'Univers…

De nombreux scientifiques ont tenté de calculer l'âge de la Terre. Par exemple, au XIXe siècle, lord Kelvin avait calculé le temps nécessaire au refroidissement de la Terre jusqu'à sa température actuelle, et trouvé entre 20 et 400 millions d'années. Mais, ce faisant, Kelvin n'avait pu inclure dans son modèle la chaleur dégagée en permanence par la radioactivité naturelle, principalement l'uranium qui est partout sous nos pieds : il ne connaissait pas l'existence de cette radioactivité. En 1905, Ernest Rutherford proposa 140 millions d'années en estimant le rapport entre l'uranium que contient la Terre et l'hélium que sa désintégration produit. Mais il n'avait pas pensé que l'hélium, gaz très léger, s'échappait en permanence de la Terre. On voit à quel point, en physique, l'interprétation d'une mesure dépend du modèle utilisé. Rutherford devait néanmoins prendre les noyaux d'hélium, les particules « alpha » émises par certaines réactions nucléaires, pour démontrer que le noyau des atomes est beaucoup plus petit que les atomes eux-mêmes. Enfin, il avait aussi eu la bonne idée d'utiliser la radioactivité comme méthode de datation de la Terre, en comparant des concentrations d'éléments produits par des réactions nucléaires. Dans les années 1950, en comparant les teneurs des roches en rubidium et en strontium ainsi qu'en potassium et en argon, on estima l'âge de la Terre à 3,5 milliards d'années. On s'approchait ainsi d'une vérité qui est aujourd'hui établie.

Un jour de 1994, j'ai découvert dans le livre de Jean Jacques, *Les Confessions d'un chimiste ordinaire* (Seuil, 1981), une magnifique citation de Victor Hugo, extraite de son *William Shakespeare*, Victor Hugo compare la science et l'art et écrit : « La science est l'asymptote de la vérité. Elle approche sans cesse, et ne touche jamais. Du reste, toutes les grandeurs, elle les a. Elle a la volonté, la précision, l'enthousiasme, l'attention profonde, la pénétration, la finesse, la force, la patience d'enchaînement, le guet permanent du phénomène, l'ardeur du progrès, et jusqu'à des accents de bravoure. » Quel hommage !

On se rapprocha donc encore un peu de la vérité lorsqu'une nouvelle découverte eut lieu, qui remit à nouveau en cause la dernière estimation de l'âge de la Terre : la tectonique des plaques. Il s'agit de la théorie des mouvements de la croûte terrestre, dont les différentes plaques se déplacent. Oh ! quelques centimètres par an, cela paraît assez lent, mais, sur des millions d'années, cela fait beaucoup, au contraire. C'est tout de même ainsi que l'Inde, en pénétrant l'Asie, érigea l'Himalaya, et cela continue, les tragiques tremblements de Terre qui secouent toute cette région le prouvent. Et pourquoi ces plaques se déplacent-elles ? Parce que le manteau sous-jacent est un fluide très visqueux en mouvement. Le centre de la Terre se refroidit lentement depuis l'époque de sa formation, et malgré la chaleur dégagée en permanence par la désintégration de l'uranium qui s'y trouve ; il y a donc un flux de chaleur de l'intérieur vers l'extérieur. Or quiconque a un peu regardé ce qui se passe dans une casserole d'eau chauffée par en dessous sait qu'un flux de chaleur suffisamment intense peut engendrer un mouvement dans un liquide : il apparaît des mouvements en forme de rouleaux qui font monter l'eau chaude parce qu'elle est dilatée, moins dense que l'eau froide, et descendre l'eau qui s'est refroidie en surface puisque celle-ci, au contraire, est plus dense que l'eau chaude. De la même façon, le manteau terrestre est animé de grands mouvements qui activent le flux de chaleur entre le centre et la surface de la Terre, entraînant avec lui, dans un grand tremblement permanent, les plaques continentales. Malheureusement pour la datation, ce grand chambardement entraîne aussi d'importants échanges de matière entre la surface et les profondeurs de la Terre qui font disparaître les plus anciennes roches de la surface. Donc les 3,5 milliards d'années devaient sous-estimer l'âge réel de la Terre.

On marcha alors sur la Lune et on en rapporta quelques cailloux. Leur analyse suggéra que l'âge de la Lune était d'environ 4 milliards d'années. Ce n'était pas très différent, mais on émit alors l'hypothèse simple que tout le système solaire avait le même âge. Ce fut confirmé par l'analyse concordante des nombreux petits météorites qui tombent chaque jour sur la Terre – ceux qui n'ont pas entièrement brûlé, en forme d'étoiles filantes. Au bout de cette longue aventure, les derniers chiffres sont encore un peu supérieurs et ne semblent plus devoir changer : 4,5 milliards d'années.

Sur cette question comme sur beaucoup d'autres, la physique du XXe siècle a accompli des progrès phénoménaux qui ont bouleversé notre culture : il ne nous est plus possible de nous situer dans notre environnement spatial et temporel comme nos grands-parents le faisaient. L'âge de la Terre est le même que celui du Soleil et de toutes ses planètes. Nettement moins, cependant que les 13,7 milliards d'années de l'Univers. Le Soleil est donc une étoile relativement jeune et je serais étonné que ces estimations changent beaucoup car le modèle du Big Bang semble être dans une période d'approfondissement, pas dans une période de remise en cause. Maintenant, si par hasard j'avais tort, ce serait intéressant pour les physiciens : il y aurait du travail ! Contrairement aux dogmes imposés, les vérités scientifiques sont faites pour être discutées, pour être éternellement remises en cause. La science est vivante.

À propos de vérités scientifiques, il en est une autre, très récente, qui est en train de s'imposer : elle concerne l'histoire de la formation de la Lune. On comprend aujourd'hui que les étoiles se forment à la suite d'un effondrement dû aux forces de gravitation : à l'intérieur de nuages d'atomes et de poussières, la matière s'attire. Mais tout le nuage ne s'effondrant pas, et l'ensemble tournant sur lui-même, l'étoile est généralement ceinturée d'un disque en rotation à l'intérieur duquel la matière se regroupe à nouveau, ce qui conduit à la formation de planètes. De même, autour de certaines planètes comme Jupiter ou Saturne, un disque (des anneaux en rotation) est en train de se regrouper pour former des satellites. Mais ces satellites sont en général beaucoup plus petits que la planète autour de laquelle ils tournent.

Or la taille de la Lune n'est pas très différente de celle de la Terre. Est-il donc possible que le couple Terre-Lune soit une planète double qui aurait été ainsi formée, comme deux jumelles, dans le disque protoplanétaire qui entourait le Soleil ? Cela semble impossible. En effet, la composition de la Lune est différente de celle de la Terre : elle ressemble à celle de la surface de la Terre, mais il lui manque un noyau lourd à base de fer, ce qui fait que sa masse est 81 fois plus faible que celle de la Terre, alors que son diamètre (3 476 km) est plus du quart de celui de la Terre (12 756 km). Une autre hypothèse a été proposée : la Terre, en tournant rapidement sur elle-même, aurait perdu un peu de sa surface après élongation. Il ne semble pas que la vitesse de rotation de la Lune autour de la Terre soit compatible avec cette autre hypothèse. On a aussi proposé que la Terre aurait pu capturer un objet étranger qui passait par là et serait resté en orbite ; mais alors pourquoi cet objet, qui aurait tout de même appartenu au système solaire, n'aurait pas contenu le même type de noyau métallique que la Terre ? À l'heure actuelle, qui est celle des ordinateurs et des calculs complexes, c'est l'idée émise par Hartmann et Davis en 1975 qui semble admise : la Lune résulte du choc titanesque entre la Terre, à peine formée, et une planète de la taille de Mars (environ 6 800 km de diamètre). D'après les calculs effectués en 2004 par Robin Canup, une Américaine de Boulder (Colorado), si cette planète a heurté la Terre non pas de plein fouet mais sur le côté, elle en a éjecté la surface et son noyau central a pu fusionner avec celui de la Terre. Ensuite, l'énorme nuage d'éléments légers volatilisé aux environs de la Terre s'est regroupé pour former la Lune. Il semble même que ce regroupement n'ait pris que quelques années ! Finalement, si j'ose dire, la Lune a perdu de l'énergie à force d'exciter les marées sur Terre, et, ce faisant, s'est progressivement éloignée jusqu'à sa distance actuelle : environ 50 fois le rayon de la Terre. Il s'en passait des choses, il y a 4,5 milliards d'années !

De digression en digression, je suis passé de la radioactivité à l'histoire de la Terre. Au point où nous en sommes, autant ajouter deux mots de plus, l'un sur les dinosaures et l'autre sur les extraterrestres. Commençons par les dinosaures. Tous les enfants du XXIe siècle savent qu'il y en a de nombreuses sortes et qu'ils ont pratiquement tous disparu. Quand était-ce ? Une fois de plus, les méthodes de datation nous l'ont appris : les derniers dinosaures sont morts il y a assez précisément 65 millions d'années, à la limite entre la fin de l'ère secondaire (le crétacé) et le début de l'ère tertiaire. Mais pourquoi un événement aussi brutal ? Voilà un nouvel exemple de controverse particulièrement active qui a tenu en haleine de nombreux scientifiques à la recherche de la bonne explication. Deux hypothèses principales se sont affrontées, ardemment défendues l'une et l'autre par des écoles de géophysiciens opposées. Selon les uns, une énorme éruption volcanique aurait eu lieu, elle aurait dégagé une telle quantité de poussières dans l'atmosphère qu'il se serait ensuivi un refroidissement considérable. Il aurait fait nuit pendant des années. Si une guerre nucléaire mondiale était déclenchée, un « hiver nucléaire » du même type pourrait avoir lieu. Quoi qu'on puisse imaginer de notre avenir, l'hiver d'il y a 65 millions d'années aurait été suivi d'un réchauffement global et le tout aurait perturbé l'écosystème de la planète au point de provoquer l'extinction de très nombreuses espèces animales puis l'apparition de nombreuses autres.

La seconde hypothèse ressemble à la précédente sauf que l'origine calamiteuse de l'hiver est différente : il aurait été provoqué par l'impact d'une météorite d'au moins 10 kilomètres de diamètre. L'énergie dissipée aurait été équivalente à 100 millions de mégatonnes de TNT, presque une bombe de type Hiroshima par habitant ! Cette seconde hypothèse est soutenue par le fait que les couches géologiques contemporaines de l'extinction des dinosaures contiennent des concentrations exceptionnelles d'iridium, un élément rare qui a servi, comme je l'avais appris à l'école primaire, à la fabrication d'un mètre étalon déposé au pavillon de Breteuil, à Sèvres[12]. Cet iridium est dix mille fois plus abondant dans les météorites qu'à la surface de la Terre. On a aussi identifié au nord du Yucatan (Mexique) le site probable de l'impact de la météorite, un énorme cratère de plusieurs centaines de kilomètres de diamètre. La controverse ne s'est pas arrêtée pour autant, car on a aussi découvert que les laves volcaniques contenaient plus d'iridium que la surface de la Terre, et on a identifié un volcan en Inde dont l'activité a dû se conjuguer avec l'impact de la météorite pour forcer la planète à changer d'ère. Il semble cependant que les résultats des modèles numériques les plus récents soient plutôt favorables à la seconde hypothèse qu'à la première : il y a trop d'iridium pour qu'il ait pu être apporté par ce seul volcan indien.

La Terre a donc bien failli mourir il y a 65 millions d'années. Mais, à propos, y a-t-il d'autres Terre en vie ? Je veux dire d'autres planètes avec de la vie dessus ? Vous croyez peut-être que je me laisse aller, que je dérive vers la science-fiction ? Pas du tout. En octobre 2003, on avait déjà découvert une centaine de planètes autour d'étoiles proches du système solaire où nous sommes. Pour détecter leur présence, on mesure par exemple la luminosité des étoiles. Lorsqu'une planète passe devant, la lumière reçue baisse un peu ; et lorsque cette éclipse partielle est terminée, la lumière de l'étoile revient à sa valeur antérieure. On ne dispose pas encore d'images qui montrent ces planètes étrangères qu'on appelle « exoplanètes », mais cela ne saurait tarder ! Les ensembles de télescopes que l'on construit actuellement sont comme de grandes paires d'yeux écartés dont les performances ne

12. Dans cet endroit toujours très actif, de nombreux chercheurs travaillent soigneusement à la définition des unités en physique, par exemple, à celle du nouveau mètre, qui est beaucoup plus précis que celui construit « en platine iridié ».

cessent de s'améliorer. Il semble donc possible que d'ici 2025 on obtienne des images d'exoplanètes dont la résolution sera suffisante pour y distinguer d'éventuels continents, couverts d'éventuels nuages. Le nombre d'exoplanètes connues en 2025 promet d'être considérable. La probabilité est donc grande qu'au moins l'une d'entre elles ressemble à la Terre. Va-t-on découvrir de la vie dessus, et pourquoi pas des extraterrestres ? Qu'en pensez-vous ?

S'il ne s'agissait que de trouver une planète qui ait à peu près la dimension de la Terre et soit à une distance comparable d'une étoile qui ressemble au Soleil, la probabilité de trouver de la vie ailleurs serait assez grande. Mais voilà, il semble que cela ne suffise pas. Supposons que l'on cherche une forme de vie qui se soit développée à partir d'une chimie analogue, donc dans l'eau. On s'accorde généralement à penser qu'il faudrait pour cela que, comme sur Terre, la température ne soit pas trop éloignée de 0 °C = 273 K, afin qu'il puisse y avoir à la fois de l'eau liquide, de la glace et de la vapeur d'eau, de l'eau dans ses trois états principaux si vous préférez. Mais il faudrait aussi que cette exoterre n'ait pas perdu son eau par évaporation, or il semble bien que, pour cela, la stabilité de l'orientation de l'axe de la Terre soit importante : si la Terre tournait autour d'un axe pointant vers le Soleil au lieu d'être incliné des fameux 23 degrés 27 minutes par rapport au plan de l'écliptique, il ferait jour pendant six mois d'un côté et nuit de l'autre, puis le contraire pendant les six mois suivants. Apparemment, cela aurait largement suffi a faire perdre son eau à la Terre. Même si l'axe de la Terre oscillait un peu trop, donc se rapprochait parfois de cette orientation extrême, l'eau s'évaporerait. Bien que les fluctuations de l'axe de la Terre soient faibles, elles ont des conséquences importantes sur le climat : ce sont elles qui produisent des périodes froides (« glaciaires ») suivies de périodes chaudes (« interglaciaires ») toutes les quelques dizaines de milliers d'années.

Donc on commence à penser que pour conserver l'eau, il faut un axe de rotation à peu près stable et qui ne pointe pas vers le Soleil, comme celui de la Terre. Or, si l'axe de la Terre est stable, c'est parce qu'il est stabilisé par la Lune : la Lune n'est pas un petit satellite, sa taille est comparable à celle de la Terre et vous savez bien que leurs mouvements sont couplés puisqu'il y a des marées. Donc, il semble que, pour trouver de la vie, il faut découvrir une exoterre qui ait une exolune, et là, les choses se compliquent. En effet, comme on vient de comprendre que la Lune pourrait être le résultat de la collision légèrement de travers d'une sorte de planète Mars avec la Terre peu de temps après leur formation, la probabilité de trouver un couple exoterre-exolune résultat d'une collision semblable autour d'une étoile devient très faible.

Il est vraisemblable que l'un des premiers tests concernera la présence d'ozone dans ces exoplanètes. En effet, la vie sous l'eau a produit de l'oxygène qui est progressivement sorti de l'eau puis a été partiellement transformé en ozone par le rayonnement solaire. C'est ensuite cet ozone qui a protégé la surface de la Terre des ultraviolets du Soleil et permis à la vie de sortir de l'eau. Mais cela a pris du temps ! la vie hors de l'eau n'est apparue qu'il y a 600 millions d'années alors qu'elle a démarré sous l'eau il y a environ 3,5 milliards d'années, 6 fois plus. Afin de trouver cette signature d'une vie ressemblant à celle que nous connaissons, il faudra donc aussi trouver une exoterre pas trop jeune. Si maintenant les romans de science-fiction vous font désirer une rencontre avec des êtres évolués qui savent suffisamment de physique pour nous envoyer des messages radio, alors là, vous devenez vraiment trop exigeants. En effet, l'*Homo sapiens* n'est vraiment qu'une péripétie très récente : 100 à 200 000 ans. L'homme moderne n'a pu se développer que parce que, entre deux âges glaciaires et après des centaines de millions d'années d'évolution hors de l'eau, les conditions climatiques sont devenues propices. Mais même 200 000 ans, à l'échelle de l'âge de la Terre, ce n'est rien. Il n'est absolument pas certain que l'homme survivra à une possible période glaciaire dans 20 000 ans, sans parler des dérèglements climatiques que les consommateurs excessifs de pétrole sont en train de provoquer. Donc, pour trouver des exo-hommes, il faudrait vraiment un hasard très heureux qui nous fasse rencontrer cette exoterre exactement au même stade d'évolution passager correspondant à notre état actuel. Autant dire qu'après avoir cru quelque temps à l'assez grande probabilité de découvrir des extraterrestres, je suis revenu à un pessimisme prudent.

Mais cela vaut le coup de chercher, et si l'on trouvait une forme de vie très différente, ce serait passionnant, non ? Avouez que notre conception du monde prendrait un sacré (si j'ose dire) coup de jeune. Un peu de patience. Vingt ans…

4

Einstein, la flûte et la rosée quantique

1995. Soixante-dix ans déjà que l'on cherchait si cette affaire de condensation inventée par Einstein était un rêve, une erreur ou une réalité. Il s'agissait d'un nouvel état de la matière, qu'il avait prévu en 1924 à partir des travaux d'un jeune théoricien indien, Satiendra Nath Bose. Existait-il vraiment ? Tels des marathoniens finissant leur course au sprint, deux équipes américaines venaient de trouver simultanément que, en effet, ce que les équations de Bose-Einstein prédisaient depuis des décennies était vrai. Les physiciens se rengorgeaient : les prédictions de leur science s'avéraient justes, aussi surprenantes qu'elles aient pu paraître au départ, et quels qu'aient été les doutes soulevés par une aussi longue attente. Leur science était forte, puisque capable de prédictions fiables. Le sodium du Massachusetts se comportait comme le rubidium du Colorado, comme l'avaient prévu Einstein et Bose. Des milliers de chercheurs dans le monde allaient se précipiter sur l'étude de ce phénomène et en décortiquer les moindres aspects. Face à un tel succès, l'académie de Stockholm n'allait pas tarder à récompenser les trois sprinters de cette course de fond par un même maillot jaune de la physique, le prix Nobel 2001.

La couverture de Science, *22 décembre 1995*
(© Science *et Steve Keller).*

Et donc, en décembre 1995, face à l'urgence d'illustrer l'actualité de cette physique, la revue américaine *Science* proposa en couverture un escadron d'atomes bleus marchant au pas. Ce n'était pas tellement la couleur bleue qui me gênait. Pourquoi pas, après tout ? Bien sûr, le sodium est plutôt connu pour sa couleur jaune : jetez une pincée de sel dans le feu, vous verrez dans la flamme des reflets du même jaune que l'éclairage de certains passages souterrains ou de certaines autoroutes. Quant au rubidium, un alcalin comme le sodium, mais plus gros, plus bas dans le tableau de Mendeleïev, il serait plutôt rouge, d'après son nom qui évoque le rubis. Mais, après tout, ce bleu nuit symbolisait sans doute le grand froid de ces atomes et n'habillait pas si mal la vérité scientifique en construction.

Non, ce qui me gênait, c'était vraiment ce défilé, cette troupe ordonnée. Certes, j'avais de mauvais souvenirs de mes propres défilés militaires. Avant mai 68, la hiérarchie de l'École polytechnique avait peu d'indulgence pour les pitreries de ses élèves rebelles, et mes propres égarements m'avaient amené en prison pour quinze jours, puis privé à jamais de parade sur les Champs-Élysées. Mais, quels que soient ces souvenirs infantiles, je voyais dans cette marche au pas une erreur fondamentale d'interprétation de ce que me semblait être la « condensation de Bose-Einstein » récemment découverte. L'ordre de l'une me semblait radicalement différent de l'ordonnancement de l'autre.

Le dessinateur de *Science* n'avait pourtant pas inventé cette marche au pas tout seul : cette analogie militaire traînait dans le discours parascientifique depuis longtemps. Il n'empêche, en entamant ainsi une carrière médiatique, cette image risquait de fausser la compréhension de la découverte. J'allais la dénoncer fermement.

Il faut dire aussi que le rôle des images en physique est surprenant. Nous autres physiciens ne nous contentons pas d'observer la nature, nous prétendons comprendre ce que nous observons. On pourrait croire que cela consiste à écrire des équations, lesquelles permettent de décrire les mesures effectuées, généralement aussi de prévoir quel sera le résultat d'autres mesures, par exemple si l'on change certaines conditions de l'expérience. Mais je connais peu de physiciens qui se contentent de cela. Comme si, en fait, afficher un rationalisme absolu ne les empêchait pas de préférer, au fond, l'intuition des analogies, même approximatives. Moi-même, je l'avoue, j'ai beau combattre avec le dernier acharnement toutes les formes de mythes infondés, de croyances injustifiées, de dogmes imposés, d'obscurantismes variés, je ne me satisfais jamais du seul résultat d'un calcul. Il me faut aussi une représentation qui nourrisse mon imagination, un discours, des mots et des images qui soutiennent ma conviction. La preuve est rigoureuse, mais la conviction profonde ne s'impose à moi qu'après la construction d'un lien avec mon expérience quotidienne.

Sommes-nous sûrs d'avoir bien compris comment, par exemple, un fil de cuivre conduit l'électricité si nous récitons la loi d'Ohm apprise au collège ? Comment comprendre que la résistance électrique dépend de la section et de la longueur du fil ? N'est-il pas confortable de se dire que le courant électrique est *comme* le courant d'eau qui coule dans un tuyau, que la différence de potentiel est *comme* la différence de hauteur entre le haut et le bas du tuyau et que le courant d'eau est *donc* plus intense si la différence de hauteur est plus grande, plus intense aussi si le diamètre du tuyau est plus grand ? Et, au lieu d'apprendre la « loi des nœuds » qui régit la répartition du courant électrique entre trois branches d'un circuit, d'imaginer que le courant dans une rivière est la somme des courants de ses affluents, puisque l'eau coule partout, puisqu'elle ne s'accumule nulle part ?

Parfois, ces images sont trompeuses car les analogies sont fausses et, d'ailleurs, l'étude de certains fils électriques suffisamment fins a prouvé à la fin du XXe siècle que la bonne vieille résistance électrique de la loi d'Ohm n'était pas toujours proportionnelle à la longueur du fil. Doit-on continuer à cacher cela aux collégiens ? Voilà une question de pédagogie qui ne me semble pas simple ; pour enseigner la science, doit-on la réduire à certaines de ses vérités provisoires ? C'est donc un fait, nous avons besoin d'images pour comprendre, les équations ne nous suffisent pas. Nous sommes des scientifiques rationnels et pourtant nous avons besoin d'imaginaire pour comprendre. Je me demande jusqu'où mes collègues mathématiciens me suivent sur ce terrain, eux qui sont les champions de la rigueur mais qui soutiennent leurs démonstrations de tant de dessins en marge de leurs calculs.

La revue *Science* avait donc repris une image répandue dans le milieu des physiciens pour tenter de faire comprendre ce que pouvait bien être la « condensation de Bose-Einstein ». Mais qu'y avait-il donc dans cette brigade bleue qui excite tellement, aujourd'hui encore, mon indignation ? Et pour l'expliquer, vais-je réussir à décrire sans équations ce qu'est cette « condensation » inventée par Einstein ? Est-il possible d'expliquer à un lecteur non spécialiste, non physicien, la nature d'une découverte de la science contemporaine, surtout en physique quantique, une branche de la physique réputée pour son éloignement absolu de notre expérience quotidienne ?

Essayons.

Il y a cent ans environ, la physique quantique naissait de la nécessité d'expliquer la structure de l'atome, j'y reviendrai dès le chapitre suivant. Bohr, Einstein, Heisenberg, Schrödinger, Bose, Fermi, Dirac, de Broglie et bien d'autres ont bouleversé notre compréhension de ce que sont la matière et les ondes, en particulier la lumière, en supposant que tout était à la fois onde et matière (on dit souvent « ondulatoire » et « corpusculaire »). Comme cette physique quantique ne tombe pas sous le sens, c'est le moins que l'on puisse dire, éviter tout formalisme mathématique va me forcer à utiliser des analogies qui mettront en lumière les paradoxes et les contradictions apparentes de cette théorie surprenante. En fait, c'est justement parce que les références au quotidien nous rendent la physique quantique étonnante que, depuis cent ans, les physiciens s'acharnent à démontrer qu'elle est peut-être fausse. Disons tout de suite que c'est en vain : la physique quantique résiste à tous les assauts, depuis qu'elle a été organisée en un ensemble cohérent par Niels Bohr, dans le cadre de ce qu'on appelle habituellement l'« interprétation de Copenhague ».

Revenons à la condensation de Bose-Einstein. Rien à voir avec la condensation de la rosée que j'appellerai « classique », celle du matin dans un jardin ou de la vapeur d'eau sous forme de gouttelettes accrochées aux vitres d'une cuisine l'hiver. Non, il s'agit d'un regroupement d'atomes « dans un même état quantique ». Mais qu'est-ce qu'un « état » en physique quantique ?

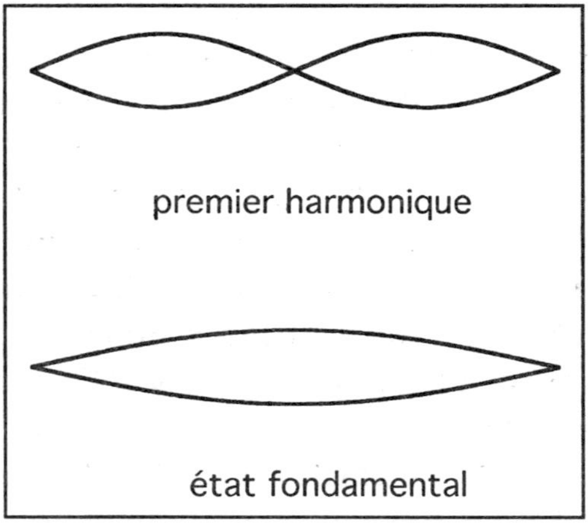

Première analogie : imaginons une corde vibrante, par exemple une corde de violon. Le violoniste la frotte avec son archet pour exciter sa vibration. Il en tire un son, amplifié par la caisse, qui a une certaine hauteur. Cette hauteur dépend de la longueur de la corde et de sa tension. Sauf s'il change cette longueur en déplaçant son doigt sur le manche, ou s'il change la tension en tournant la petite clef au bout de ce manche, le violoniste qui joue sur cette corde en tire toujours le même son, c'est-à-dire une vibration sonore de même hauteur, de même « fréquence », dit-on en langage scientifique[13]. La corde vibre toujours dans son « état » fondamental, celui dont la fréquence est la plus basse. Toutefois, les violonistes savent bien qu'il est possible d'obtenir un son dit « harmonique » en effleurant la corde avec un doigt judicieusement placé afin de forcer la vibration selon un mode différent. Au lieu d'une vibration intense au centre et nulle aux deux bouts, ce qu'on appelle un « ventre » et deux « nœuds » de vibration, il est possible de forcer un troisième nœud au centre. La fréquence de ce mode est le double du fondamental et la corde sonne une octave plus haut.

À la flûte traversière, c'est la colonne d'air enfermée dans le tuyau qui résonne, cela ne se voit pas mais c'est comme la corde du violon. Un bon flûtiste, en changeant légèrement la position des lèvres mais sans bouger les doigts, donc sans changer la longueur de la colonne d'air qui résonne, sait jouer six ou sept notes différentes dont les fréquences sont les multiples successifs d'une fréquence fondamentale par deux, trois, quatre, etc. S'il ferme par exemple tous les petits plateaux en appuyant tous ses doigts sur le corps de son instrument, il peut ainsi jouer un do grave dont la fréquence

13. Que les spécialistes d'acoustique musicale me permettent d'ignorer ici les affaires de timbre et de répartition harmonique, ce n'est pas que cela ne m'intéresse pas, au contraire, mais je ne peux pas parler de tout à la fois, on s'y perdrait. Qu'ils m'excusent aussi de ne pas entrer ici dans les questions relatives à la manière d'accorder les instruments, c'est-à-dire de tempérament, quel que soit aussi leur intérêt.

est environ 262 Hz, mais aussi le do suivant de fréquence double, puis des notes voisines du sol immédiatement au-dessus (fréquence triple), d'un autre do (quadruple), d'un mi (5 fois plus haut), d'un autre sol (6 fois) et même peut-être d'un si bémol (7 fois).

Les fréquences sonores correspondant aux différents états de vibration d'une flûte, c'est-à-dire de sa colonne d'air bien sûr, ne peuvent donc pas prendre des valeurs arbitraires. La fréquence d'une flûte n'est pas une variable continue. On peut dire, exactement comme en physique *quantique*, que c'est une variable *quantifiée*. Cela signifie qu'elle ne peut prendre que des valeurs particulières, reliées entre elles par une relation simple : dans ce cas, il s'agit des multiples par deux, trois, quatre, etc. d'une quantité élémentaire, ce que les physiciens appellent un « quantum ». Ces valeurs possibles constituent une suite qu'on dit « discrète » pour la distinguer d'un ensemble continu infini.

Eh bien ! pour une particule quantique, c'est la même chose. Un électron dans une petite boîte, s'il était classique, pourrait se déplacer à n'importe quelle vitesse et avoir ainsi n'importe quelle énergie cinétique ; si vous jouez au squash, vous savez bien que vous pouvez lancer la balle – qui est un objet classique – à la vitesse que vous voulez Au contraire, un électron quantique est aussi une onde et, s'il est enfermé dans une boîte, il doit résonner comme une corde de violon résonne entre ses extrémités fixes, ou comme la colonne d'air dans une flûte. Dès lors, la fréquence de résonance de l'onde électronique dans la boîte, donc son énergie, ne peut pas prendre n'importe quelle valeur. L'électron n'a accès qu'à des modes de résonance particuliers qu'on appelle des « états quantiques » et dont les énergies respectives sont les multiples successifs d'un quantum correspondant à une fréquence fondamentale. L'énergie de cet électron confiné dans une

« boîte quantique » est donc « quantifiée » parce que c'est une onde résonnante.

Je vous sens sceptiques. Mais je ne suis pas en train de vous raconter les fantaisies abstraites d'une théorie invérifiable ! On sait fabriquer aujourd'hui de telles boîtes ! Leur taille est de quelques nanomètres, quelques milliardièmes de mètre, comparable à la longueur d'onde des électrons qu'on y injecte. Au cours de leur construction, on prend soin d'éviter que ces boîtes contiennent des défauts ou obstacles susceptibles d'absorber l'énergie des électrons qui y résonnent. Lorsqu'ils changent d'état de vibration, les électrons émettent de la lumière dont la couleur dépend de la différence de fréquence entre l'état initial et l'état final, ce qui est fixé par les dimensions de la boîte. Le fabricant peut donc ajuster à volonté la couleur de la lumière émise par ces « boîtes quantiques » qui représentent l'avenir des microsources lumineuses que sont les « lasers intégrés ».

Revenons aux principes de la physique quantique. Les particules sont donc des ondes, et leurs états accessibles dans une boîte sont quantifiés. Et, bien sûr, un atome est une sorte de boîte qui contient un noyau et des électrons emprisonnés, lesquels résonnent à des fréquences particulières ; c'est pour cela que, par exemple, tous les atomes de sodium émettent exactement la même lumière jaune ; quant aux molécules d'oxygène, elles émettent toutes le même bleu, mais vous savez, n'est-ce pas, que le ciel est bleu pour une autre raison, une histoire de diffusion par l'atmosphère, d'ailleurs le bleu du ciel n'est pas le même partout.

Imaginons maintenant qu'on mette deux électrons dans une boîte, ou même davantage. Que se passera-t-il ? Les électrons peuvent-ils se comporter tous de la même manière ou doivent-ils, au contraire, adopter chacun un comportement différent ? Sur une échelle dont chaque barreau représenterait un état quantique différent, les électrons vont-ils se placer tous ensemble sur le barreau le plus bas ou se répartir à raison de un au plus par barreau ?

On a montré qu'il existait deux types de particules quantiques, celles qui peuvent adopter toutes le même comportement et celles qui ne le peuvent pas. Une métaphore très répandue consiste à dire que les particules de Bose, dites « bosons », ont l'esprit grégaire, alors que les particules de Fermi-Dirac, dites « fermions », sont individualistes. Les électrons sont des fermions et ne peuvent donc s'asseoir sur le même barreau, autrement dit occuper le même état quantique. Ces différences de comportement collectif que j'essaie de présenter dans un langage imagé sont en fait régies, très rigoureusement, par des lois statistiques précises. N'y a-t-il vraiment que deux types de comportement possible pour des assemblées de particules quantiques ? C'est une question de grande actualité en ce moment puisque l'on vient de découvrir des particules, enfin des ensembles de particules, qui ne sont ni fermions ni bosons, mais cela, je ne me crois pas capable de l'expliquer simplement, donc ignorons ces bizarreries récentes et admettons qu'il n'y en ait que deux.

Qu'est-ce qui fait qu'une particule quantique est fermion ou boson ? Disons simplement que c'est une question de rotation interne qui induit une aimantation qu'on appelle un « spin » et dont la valeur est soit un multiple entier (0, 1, 2, 3…) d'un certain quantum, soit un multiple demi-entier (1/2, 3/2, 5/2…). Les électrons, les protons et les neutrons sont des fermions individualistes de spin 1/2. Au contraire, les photons, qui sont des quanta de lumière, sont des bosons grégaires. Mais une paire de fermions peut constituer un boson car les spins s'ajoutent et 1/2 + 1/2 = 1 (on m'excusera d'insister, j'espère). Ainsi, l'atome d'hydrogène, un proton et un électron, est un boson, de même que l'atome d'hélium 4 (deux protons, deux neutrons et deux électrons), mais son isotope léger l'hélium 3 (deux protons, un seul neutron et deux électrons) est un fermion. Lorsque les électrons d'un métal s'associent deux par deux, le métal devient supraconducteur, sa résistance électrique disparaît, et d'énormes courants électriques peuvent passer sans résistance. C'est grâce à cela qu'on sait produire les champs magnétiques très intenses qu'exigent les scanners à résonance magnétique, c'est-à-dire l'imagerie médicale moderne à l'œuvre dans nos hôpitaux. J'y reviendrai à plusieurs reprises.

Boson ou fermion, comportement collectif semblable ou différent, ce n'est pas non plus une curiosité abstraite, c'est une réalité vérifiée dont notre santé bénéficie. Et nous approchons de la « condensation » prédite par Einstein et Bose. Il ne nous manque guère que quelques considérations concernant l'effet de la température sur tout cela.

La température est une mesure de l'agitation de la matière. La température d'un gaz au repos est simplement proportionnelle à l'énergie cinétique, c'est-à-dire au carré de la vitesse de ses atomes ou molécules. Seule subtilité dans cette loi simple, la température dont il s'agit est la température dite « absolue » qui se mesure en degrés Kelvin dont le symbole est K, non pas la température ordinaire de nos thermomètres domestiques qui, elle, est généralement mesurée en degrés Celsius (°C). Mais les K se déduisent simplement des C en ajoutant 273,15. Ainsi, l'eau gèle à 0 °C = 273,15 K, et bout à 100 °C = 373,15 K. C'est moins compliqué que jongler avec les degrés Fahrenheit ou les miles par gallon lorsqu'on va dans un pays aussi conservateur que les États-Unis d'Amérique, non ?

Quant à donner une idée de la relation entre température et agitation thermique, disons que, par exemple, dans l'air d'un mois de juin tempéré à 27 °C = 300 K, les molécules d'oxygène se déplacent en moyenne à une vitesse d'environ 200 m/s = 720 km/h. C'est presque la vitesse d'un avion de ligne. À 100 K, soit – 173 °C, la vitesse moyenne des molécules d'oxygène n'est que d'environ 114 m/s, proche de la vitesse maximale d'un TGV, et l'oxygène pas loin de se liquéfier. Et si la température tend vers le zéro dit « absolu » (0 kelvin, soit – 273,15 °C), l'agitation thermique s'arrête et, en principe, la matière se fige, elle se liquéfie puis gèle, c'est-à-dire cristallise (sauf dans le cas exceptionnel des verres). Pour observer la condensation de Bose-Einstein en 1995, il a fallu refroidir des atomes en dessous du microkelvin, une température à laquelle la vitesse de ces atomes est très lente, de l'ordre du centimètre par seconde.

À chaud, les atomes ou molécules d'un gaz sont classiques, et à froid ils sont quantiques ; pourquoi ? En l'absence de parois aussi les particules sont des ondes, mais dont l'extension dans l'espace dépend de la température. Ce sont en fait des paquets d'ondes dont la longueur typique a été calculée par Louis de Broglie, elle est inversement proportionnelle à la vitesse thermique dont nous venons de parler. Deux cas peuvent alors se présenter. Premier cas : les ondes associées aux particules se recouvrent parce que leur extension est au moins égale à leur distance de séparation moyenne : alors les particules ressentent le caractère ondulatoire de leurs voisines et deviennent indiscernables les unes des autres, le gaz est quantique qu'il s'agisse de bosons ou de fermions. Deuxième cas : l'extension spatiale des paquets d'ondes est faible, les particules sont loin les unes des autres par rapport à la longueur d'onde de de Broglie, elles ne ressentent pas les ondes de leurs voisines et sont classiques, bien séparées et identifiables, pas quantiques, donc ni bosons ni fermions. Sur son site Internet, sa page web, Wolfgang Ketterle a dessiné cela pour expliquer la

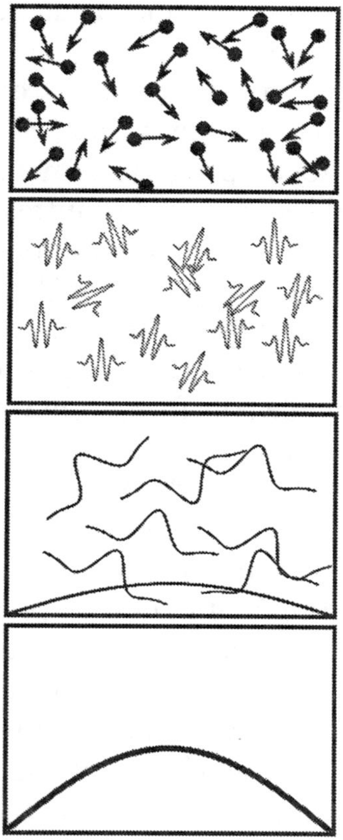

La condensation de Bose-Einstein d'après Wolfgang Ketterle. À haute température, les atomes d'un gaz sont des particules agitées de mouvements incohérents en tous sens. À mesure que la température baisse, leur caractère ondulatoire se manifeste et les atomes deviennent des paquets d'ondes de plus en plus étalés qui se recouvrent puis se « condensent » sous forme d'une onde collective en dessous d'une température critique T_{Cb}. À température nulle, les atomes ont perdu toute individualité et construisent une onde de matière géante qui peut résonner dans une boîte comme une corde de violon entre ses deux extrémités. De haut en bas : haute température ($T >> T_C$), basse température, $T= T_{Cb}$, $T = 0$.

condensation de Bose-Einstein qui allait lui procurer son Nobel.

C'est à froid que la différence entre les deux types de particules quantiques se fait sentir. Si l'on refroidit des bosons, ils vont tous, progressivement, non seulement devenir indiscernables les uns des autres mais s'accumuler dans le même état fondamental (ils seront tous sur le même barreau de mon échelle imaginaire, le plus bas). Au contraire, si l'on refroidit des fermions, ils seront indiscernables eux aussi mais occuperont collectivement un nombre d'états égal au nombre de particules (ils formeront un nuage réparti sur autant de barreaux qu'il y a de fermions). La « condensation de Bose-Einstein » concerne des bosons (vous vous en seriez peut-être douté). Elle se produit dès que la température est suffisamment basse pour qu'une fraction importante des atomes se soit regroupée sur l'état de plus basse énergie. Si vous m'avez suivi jusqu'ici, j'imagine que vous trouvez ce phénomène un peu abstrait. Je suis de votre avis. C'est bien pour cela que, comme mes collègues physiciens, j'ai besoin de me représenter à quoi peut bien ressembler un « condensat » de Bose-Einstein, c'est-à-dire cette assemblée d'atomes tous dans le même état.

Est-ce que cela ressemble à une troupe marchant au pas ? Les partisans de cette image pensent au fait que, s'ils sont dans un même état, les atomes se déplacent ensemble, à la même vitesse. Leur mouvement est ordonné. Ce comportement uniforme les fait penser à la marche au pas. Mais ils représentent alors un ordre du mouvement par un ordre de position : leurs atomes sont bien localisés aux nœuds d'un réseau qui se déplace. Leur condensat n'est en fait qu'un cristal en translation. Or ce n'est pas cela du tout. Comme j'ai tenté de l'expliquer ci-dessus, cet ordre apparaît lorsque les ondes atomiques se recouvrent. Cela signifie que les atomes ne sont plus discernables les uns des autres. Si l'on persiste à les imaginer comme des particules, alors ils s'échangent en permanence ; et si l'on adopte le point de vue ondulatoire, ce sont des ondes superposées qui occupent tout l'espace disponible au gaz.

Quiconque a défilé au pas sait qu'il risque les arrêts de rigueur s'il lui vient à l'esprit d'échanger sa position avec son voisin : cela se verrait ! Parce que, dans une compagnie marchant au pas, chaque soldat est discernable de chacun de ses voisins. Même pour deux jumeaux défilant côte à côte, on sait dire qui est celui de droite et celui de gauche, ou celui qui est devant, là-bas, au milieu du premier rang. Dans un condensat quantique au contraire, il n'y a plus d'atomes individuels, il n'y a qu'une grande onde de matière macroscopique. Le dessin de Ketterle est moins joli, sans doute, mais juste, scientifiquement parlant. Celui de *Science* confond comportement identique et localisation ordonnée. Il ignore ce paradoxe troublant de la physique quantique : à suffisamment basse température, les atomes deviennent des ondes étendues qui se recouvrent et sont indiscernables les unes des autres.

La découverte de 1995 était loin d'être la première preuve du caractère ondulatoire des particules, on sait depuis un siècle obtenir avec des électrons des figures d'interférences qui sont exactement semblables à celles qu'on obtient dans une cuve en agitant deux plongeurs afin de générer des vagues qui se rencontrent : ces vagues s'ajoutent si elles sont en phase, mais elles s'annihilent si elles sont en opposition de phase, c'est-à-dire si l'eau monte pour l'une pendant qu'elle descend pour l'autre. Aujourd'hui, on sait faire interférer ainsi des particules de plus en plus grosses, par exemple les molécules C_{60} dont les 60 atomes de carbone forment une sorte de grillage sphérique, un réseau analogue aux coutures d'un ballon de football. On cherche à démontrer de telles propriétés quantiques pour des objets de plus en plus gros, afin de comprendre, en termes de taille, quelle est la frontière, si elle existe, entre matière quantique et matière classique. Quant à faire interférer des ondes de tables ou des ondes de chats, attendons le chapitre suivant pour vérifier que c'est impossible.

À propos de ces ballons de football, je vous propose une curiosité mathématique pour conclure dix pages de physique quantique. Imaginez un grillage formé d'hexagones réguliers. Il est souple et facile à rouler en forme de cylindre. Mais si vous vouliez replier ce grillage hexagonal en forme de sphère vous seriez obligé de torturer ses hexagones. Le grand mathématicien Euler a démontré que, pour replier facilement en forme de sphère un grillage de maille hexagonale, il suffit de remplacer douze hexagones réguliers par douze pentagones réguliers. Un ballon de football a effectivement douze pentagones au milieu d'un certain nombre d'hexagones comme une molécule C_{60}. On peut aussi insérer des heptagones, mais alors le théorème d'Euler dit que le nombre d'hexagones est toujours arbitraire, alors que le nombre de pentagones N5 moins le nombre d'heptagones N7 doit être égal à douze. D'habitude, les ballons de football n'ont pas d'heptagone et ont donc douze pentagones, mais certains architectes comme Fuller, qui utilisent des structures grillagées, se savent contraints par le théorème d'Euler s'ils veulent insérer des heptagones. Enfin ce théorème se généralise : le nombre N5-N7 ne dépend que du genre de la forme, c'est-à-dire de leur nombre de trous, il vaut donc 12 pour les sphères, mais 0 pour des cylindres ou pour des tores, une classe de formes mathématiques qui inclut les chambres à air pour vélos et les doughnuts pour Américains gourmands. Je vous laisse chercher combien ce serait pour une forme à deux trous, une espèce de bretzel.

5

Quantique, ma table ?

Un matin de printemps. J'étais allé chez mes voisins du cinquième étage pour parler jardinage, mais leur fille préférait la physique ! Elle ne manquait ni de curiosité ni de bon sens. Je tentai tout à la fois de l'intriguer et d'éclaircir quelques aspects de la physique moderne. On en arriva à :

– Quantique, ma table ? Non, là, Sébastien, tu te moques de moi !

Bien sûr, en tant qu'objet familier sur lequel on mange, une table n'a rien à voir avec la théorie des quanta. Et pourtant…

Si je vous demandais, par exemple, combien elle pèse ? Ou ce qui revient presque au même, quelle est la masse par unité de volume du bois dont elle est faite, disons pour raccourcir sa densité ? Le bois flotte sur l'eau donc sa densité doit être un peu inférieure à celle de l'eau, un gramme par centimètre cube (1 g/cm^3). En fait, tous les matériaux massifs ont une densité de l'ordre de 1 g/cm^3.

Mais pourquoi 1 cm^3 de matière solide ou liquide pèse-t-il environ 1 g ? La densité d'un gaz peut être très faible parce que les atomes peuvent être très loin les uns des autres mais, dans un solide, les atomes sont empilés de manière compacte. En gros, se poser la question de la densité d'un solide revient donc à se demander quel est le volume occupé par un atome. Or la réponse à cette question est une affaire de mécanique quantique. Je suis évidemment victime d'une certaine déformation professionnelle mais, quand je porte une table, je sens la mécanique quantique. Quel est donc le volume d'un atome ?

Tous les solides ont une densité comparable parce que tous les atomes ont, eux aussi, une taille comparable, leurs diamètres sont tous de l'ordre de 0,3 nanomètre[14]. Pour enfiler un milliard d'atomes les uns à la suite des autres, quels qu'ils soient, comme des perles sur un collier, il faudrait à peu près trente centimètres de ficelle (très fine). À propos d'atomes, il y a longtemps que leur statut est passé de celui d'hypothèse à celui de réalité vérifiée. En 1979, Gerd Binnig et Heinrich Rohrer, deux physiciens des laboratoires d'IBM près de Zurich, ont inventé un nouveau type de microscope, le « microscope à effet tunnel », qui donne non seulement des images d'atomes un par un, qui fait non seulement voir la différence entre un atome de silicium et un atome d'oxygène, mais qui permet même de manipuler ces atomes, d'en prendre un ici sur une surface et de le déposer un peu plus loin, de jouer à écrire avec eux comme un enfant écrirait avec des cailloux sur une plage. Mon collier d'atomes n'a rien d'absurde.

---

14. Un nanomètre (1 nm) égale un milliardième de mètre (10^{-9} m).

Réfléchissons à l'atome le plus simple, l'hydrogène ; c'est aussi le plus petit et le plus léger, donc on va lui trouver une densité un peu inférieure à 1 g/cm^3. De fait, si l'on refroidit fortement l'hydrogène gazeux, il passe à l'état liquide vers 20 kelvins (– 253 °C) puis à l'état solide vers 14 kelvins (– 259 °C), et la densité de l'hydrogène solide vaut 0,08 g/cm^3 ; mais pour un raisonnement approché ce n'est pas sensiblement différent de 1 g/cm^3. Un atome d'hydrogène, c'est un proton au centre, le noyau, et un électron qui gravite autour. Le proton porte une charge électrique positive et sa masse est assez grande ; quant à l'électron, il porte la même charge mais négative et sa masse est environ 2 000 fois plus faible. On dirait donc un Soleil miniature avec une petite planète qui tourne autour, mais, attention ! cette analogie a été mise au rebut depuis rien de moins qu'une centaine d'années. En effet, comme tout objet dont le mouvement obéit à la mécanique classique, celle de Newton, une planète se déplace le long d'une trajectoire : à chaque instant on peut mesurer où elle est et à quelle vitesse elle se déplace. De même pour une pomme qui tombe. Or ceci n'est plus vrai pour une particule quantique : *la mécanique quantique a abandonné la notion de trajectoire*, ce qui nous amène déjà à l'un de ses aspects insolites, le principe d'incertitude. Ce principe a été énoncé par Heisenberg et stipule qu'on ne peut pas connaître exactement à la fois où est une particule quantique et à quelle vitesse elle va : si l'on connaît bien l'un on connaît mal l'autre, et réciproquement. Comme certains ont tendance à extrapoler ce principe de manière hasardeuse en dehors de la physique, il serait temps de le démystifier un peu.

En fait, le principe d'incertitude n'est pas trop difficile à comprendre si l'on admet le postulat de base de la physique quantique : une particule est aussi une onde. Enfermer une onde dans une boîte, c'est savoir où elle est, mais c'est aussi perdre la possibilité de savoir dans quelle direction et à quelle vitesse elle se déplace à l'intérieur de cette boîte. Inversement, pour bien mesurer la vitesse de propagation d'une onde, il faut la laisser se propager librement dans l'espace et ne plus très bien savoir où elle se trouve. L'électron de l'atome d'hydrogène est confiné à l'intérieur du volume de l'atome, une fraction de nanomètre au cube. À l'intérieur de ce petit volume, il s'agite donc en tous sens dans toutes les directions, et plus ce volume est petit plus cette agitation est grande. C'est un peu comme l'air qui résonne à l'intérieur d'une flûte : plus le tuyau est court, plus fréquents sont les allers-retours que l'onde sonore fait entre les deux extrémités, plus la fréquence de résonance, donc la hauteur du son, est grande. Comme je l'évoquais au chapitre précédent, on fabrique aujourd'hui des lasers avec de telles boîtes quantiques, et la lumière qu'elles émettent a une fréquence d'autant plus haute, une énergie d'autant plus grande donc, que les dimensions de la boîte sont petites. Le principe d'incertitude énonce de manière rigoureuse ce conflit entre position et vitesse : si on confine une particule quantique dans une région de l'espace, plus cette région est petite, plus grande est la vitesse moyenne de cette particule et par conséquent son énergie cinétique.

La dimension typique d'un atome est donc un compromis : le proton attire l'électron parce que leurs charges électriques sont opposées. Cette force électrique tend à rapprocher l'électron du proton, à minimiser le volume de l'atome pour minimiser son énergie électrique. Mais si ce volume était très petit, l'agitation quantique de l'électron due au principe d'incertitude de Heisenberg serait très grande. Sa vitesse fluctuerait sans cesse entre de grandes valeurs en tous sens, ce qui lui donnerait une grande énergie cinétique moyenne. L'état stable d'un système physique étant l'état d'énergie minimale, l'électron s'installe à une distance du proton qui est un compromis entre l'attraction électrique qu'exerce le proton et une sorte de répulsion due à l'agitation quantique. En toute rigueur, on pourrait imaginer qu'il faille aussi tenir compte de l'attraction gravitationnelle qui existe entre le proton et l'électron, puisque ce sont deux particules qui ont une masse, qui s'attirent donc comme le Soleil attire les planètes ; mais l'attraction gravitationnelle est beaucoup plus faible que l'attraction électrostatique.

Je dois prendre cependant quelques précautions avec mes comparaisons ; une onde sonore est une oscillation de pression et de densité qui se propage, une onde électromagnétique comme la lumière est une oscillation de champ électrique et magnétique, mais l'onde quantique qui représente une particule n'est qu'une oscillation de la probabilité qu'a la particule de se trouver à l'endroit considéré. Voilà qui est certainement bizarre mais ne soyez pas trop surpris : *toute la physique quantique est bizarre*[15]. Quoi qu'il en soit, le caractère probabiliste de la mécanique quantique a une conséquence importante : à l'intérieur de l'atome, l'électron est une onde répartie dans cette petite fraction d'espace, il ne tourne pas comme une planète, il est un peu partout à la fois avec une certaine probabilité, comme une sorte de nuage aléatoire.

Comment trouver la valeur précise du compromis que l'électron choisit ? Il faut faire un vrai calcul qui tienne compte de la charge exacte de l'électron et de l'amplitude de l'agitation quantique de Heisenberg, laquelle est proportionnelle à la constante de Planck, donc cela devient un peu

---

15. Richard Feynman lui-même, prix Nobel de physique en 1965 pour ses travaux sur l'électrodynamique quantique, a avoué que « personne ne comprend vraiment la physique quantique ».

difficile ; rappelons-nous simplement le résultat annoncé plus haut : 0,3 nanomètre de diamètre. Compte tenu de la masse de l'atome d'hydrogène qui, exprimée en grammes, vaut l'inverse du nombre d'Avogadro – $1/(6\ 10^{23})$ –, ce raisonnement donne le bon résultat pour la densité. Ainsi, la densité de la matière solide est environ égale à celle des atomes qui la constituent, laquelle est une conséquence d'un principe fondamental de la physique quantique, le principe d'incertitude de Heisenberg.

C'est le moment de dire un mot de la couleur des atomes, et un autre des horloges. Si vous vous souvenez des différents états de vibration de l'air dans le tuyau d'une flûte (chapitre précédent), vous admettrez que l'électron peut être dans un état fondamental de basse énergie, mais aussi dans différents états excités qui correspondent à des modes de résonance de plus haute fréquence. À chaque état correspond une énergie très particulière, fixée par la mécanique quantique. D'où proviennent les couleurs de la matière ? À quelques exceptions près[16] du fait que, lorsqu'un électron change d'état, il absorbe ou émet de la lumière. Comme les états quantiques possibles des électrons sont entièrement déterminés par la nature des atomes auxquels ils appartiennent (leur nombre de protons, de neutrons et d'électrons), tous les atomes d'une même espèce ont exactement la même couleur : en sautant d'un état à l'autre, leurs électrons absorbent ou émettent exactement le même grain de lumière, le même photon. Quand un Parisien jette une pincée de sel dans le feu, la flamme se colore exactement du même jaune que lorsqu'un Japonais le fait à Kyoto : les atomes de sodium ont la même couleur à Paris qu'à Kyoto et ce n'est pas parce

16. Ce n'est pas le cas, par exemple, des ailes de papillon ni de l'irisation des bulles de savon, où c'est une affaire d'interférences.

que ces deux villes sont jumelées, c'est vrai partout ailleurs, même sur d'autres planètes.

On utilise cette identité pour construire des horloges atomiques qui servent de référence précise partout à chaque fois qu'une grande précision est nécessaire. La couleur est liée à la fréquence de la lumière émise ou absorbée, et les horloges atomiques fonctionnent en mesurant l'inverse de cette fréquence, qui est un temps, elles donnent donc exactement le même temps partout, à condition d'utiliser le même type d'atome ; c'est habituellement du césium et toutes les propriétés optiques de tous les atomes de césium sont exactement les mêmes partout, mécanique quantique oblige. Maintenant qu'on observe des systèmes planétaires en grand nombre dans l'Univers, on trouve au contraire que toutes les périodes de rotation de ces planètes autour de leurs soleils respectifs sont différentes, elles n'ont aucune raison d'avoir des valeurs particulières : les planètes sont des objets classiques, pas des particules quantiques.

La discussion avec ma jeune voisine rebondit soudain :

– Mais, j'y pense tout à coup, si un atome est un petit noyau entouré d'un nuage, cela n'a rien à voir avec une bille ou une perle, on peut donc rapprocher deux atomes l'un de l'autre, leurs nuages devraient pouvoir s'écraser ou se confondre, et les noyaux s'approcher jusqu'à une distance bien inférieure au diamètre d'un atome libre ? Donc la densité de la matière, où tu me dis que les atomes sont les uns contre les autres, pourrait être bien supérieure à celle d'un atome libre ?

– Eh bien, non ! les nuages ne s'écrasent pas et mon raisonnement était juste. Tu te souviens que les électrons sont des fermions (chapitre précédent), c'est-à-dire des particules individualistes qui ne peuvent pas occuper le même état quantique à plusieurs ? Cette propriété statistique, qu'on appelle aussi le « principe d'exclusion de Pauli[17] », sauve mon raisonnement et mon analogie avec les colliers. En effet, deux électrons peuvent occuper le même état quantique à condition d'appartenir à deux atomes différents, bien séparés l'un de l'autre ; si les nuages se recouvraient pour en former un seul, alors les deux électrons ne pourraient pas être dans le même état. Bien sûr les molécules sont des associations d'atomes mais c'est une autre affaire, donc ne mélangeons pas tout et restons-en aux principes généraux. Deux atomes identiques se repoussent à courte distance parce que les électrons sont des fermions et les nuages ne se mélangent pas. À courte distance, deux atomes identiques sont bien comme deux sphères dures, impénétrables l'un à l'autre.

Permettez-moi une parenthèse : c'est aussi ce principe d'exclusion qui donne sa grande richesse à la chimie ; chaque élément correspondant à un nombre d'électrons différent, 1 pour l'hydrogène, 2 pour l'hélium, 3 pour le lithium, 6 pour le carbone, 7 pour l'azote, etc., la manière dont ces électrons sont disposés est différente pour chaque élément et il s'ensuit une richesse considérable de propriétés électriques, magnétiques et chimiques dans la nature. Osons une métaphore : chaque atome a son caractère, et préfère donc se lier avec certains atomes plutôt que d'autres (les chimistes parlent aussi d'« affinités »). Ainsi, la complexité de la chimie est elle aussi une conséquence de l'individualisme des électrons. Notons au passage que cette diversité de la chimie est, comme la couleur des atomes, la même

17. Wolfgang Pauli, né à Vienne en 1900, travailla avec Max Born puis Niels Bohr, avant d'être nommé professeur à Zurich, de passer plusieurs années à Princeton et de finalement revenir à Zurich après la guerre.

partout, que ce soit dans votre estomac, dans une usine que vous trouvez puante ou dans les nuages interstellaires.

– Ainsi, ma table serait donc quantique ?

– Toutes ses propriétés ne peuvent pas s'expliquer sans faire appel à la physique quantique, qui est donc omniprésente, bien cachée pour certains, bien présente pour d'autres, c'est une question de goût.

– Mais alors, si ma table a quelque chose de quantique, et si la physique quantique affirme que la matière et les ondes c'est pareil, on devrait pouvoir propager des ondes de tables ?

– Ah ! là, ton enthousiasme t'emporte un peu loin, mais cette question me fait penser à l'histoire du chat de Schrödinger et si je réussis à te la raconter, on va apprendre suffisamment de mécanique quantique pour aborder l'une des autres frontières actuelles de la connaissance.

Le chat de Schrödinger était *à la fois* mort et vivant ! Oui, bien sûr, c'est évidemment impossible, rien de ce qui nous est familier ne peut être à la fois une chose et son contraire. Donc ce chat mort-vivant ne peut pas exister. C'est pourtant un paradoxe auquel Erwin Schrödinger était arrivé d'une façon qui mérite réflexion.

Prenez une toupie. Pour la lancer, vous pouvez la faire tourner à droite ou bien à gauche. Mais c'est comme le chat, la toupie ne peut pas tourner *à la fois* à droite et à gauche. Or les particules quantiques, elles, le peuvent.

Beaucoup de particules chargées tournent effectivement sur elles-mêmes, et des charges électriques qui tournent, cela produit un petit champ magnétique, donc beaucoup de particules portent un petit aimant dont l'orientation dépend du sens de rotation des charges. Ce petit aimant est quantifié comme tout le reste, c'est son « spin » et il peut être dirigé vers le haut, disons que c'est alors un spin « + », ou vers le bas, c'est alors un spin « – » (En franglais scientifique, une langue un peu agaçante, on dit « up » et « down »).

Ainsi, une toupie classique ne peut pas tourner à la fois à droite et à gauche, de même qu'une boussole ne peut pas indiquer à la fois le nord et le sud, et pourtant, une particule quantique peut être à la fois dans un état de spin « + » et dans un autre de spin « – », ce qu'on appelle une superposition d'états. Dans ce cas, si l'on mesure ce spin, c'est-à-dire son état de rotation, on trouve « + » avec une certaine probabilité et l'autre signe avec la probabilité complémentaire. Une fois de plus, à condition d'admettre que les particules sont des ondes, on comprend un peu mieux. La lumière par exemple, est une onde électromagnétique, c'est-à-dire un champ magnétique et un champ électrique qui oscillent continûment dans l'espace au cours de la propagation de l'onde. Prenez une vague : l'eau monte et descend au fur et à mesure que la vague avance. De même, la lumière est constituée d'un champ électrique E et d'un champ magnétique B, perpendiculaires l'un à l'autre, perpendiculaires aussi à la direction de propagation de la lumière, et qui oscillent.

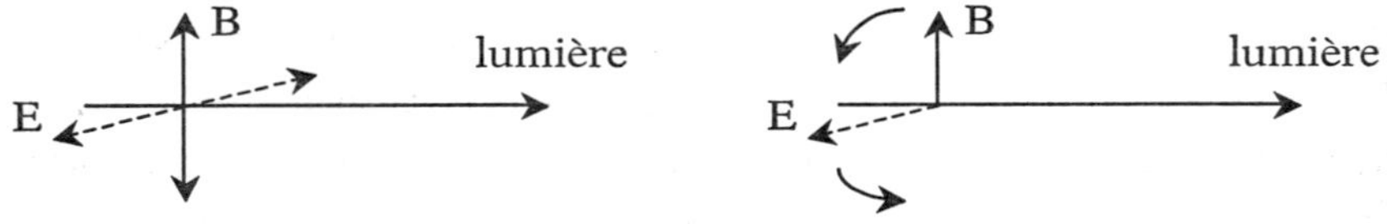

Mais ces champs peuvent osciller de plusieurs façons : ils peuvent par exemple osciller dans un plan vertical, ou alors dans un plan horizontal, ou encore tourner autour de la direction de propagation. Or un mouvement d'oscillation verticale est une combinaison, une somme d'un mouvement de rotation dans un sens et d'un mouvement de rotation en sens inverse. Un mouvement d'oscillation horizontal est une autre somme de deux mouvements de rotation inverses l'un de l'autre. Une onde peut donc tourner à la fois à droite et à gauche, c'est une question de polarisation, et les opticiens en jouent, par exemple pour fabriquer des lunettes de soleil qui atténuent les reflets.

Schrödinger imagina l'expérience suivante. Dans une boîte, on met une particule. Un détecteur mesure son aimantation (son spin). Dans une cage voisine, Schrödinger imagine un chat. Si le détecteur mesure un spin « + », cela déclenche un mécanisme qui tue le chat. Si au contraire le détecteur mesure un spin « – », pas de déclenchement, le chat reste vivant. Schrödinger imagine alors que sa particule est dans une superposition des deux états opposés de spin. Il en déduit que le chat est à la fois mort et vivant !

Impossible, bien sûr, mais pourquoi ? Cela devient délicat, mais c'est très important. Pour qu'un système physique puisse être dans une superposition d'un état et de son contraire, il faut que ce soit un système quantique qui puisse être décrit comme une onde. Une onde qui résonne dans une boîte ou qui se propage librement, mais une onde avec une fréquence et une phase angulaire qui nous disent où en est une grandeur physique dans chaque cycle, pas un bruit *incohérent*. Nous touchons au cœur de ce qui fait la différence entre un système classique (tous les objets de notre environnement familier, en gros) et un objet quantique (généralement des particules, à quelques remarquables exceptions près). C'est cette notion de *cohérence*. Pour me représenter des ondes, j'aime bien penser à des vagues à la surface de l'eau. Si je plonge dans l'eau un petit agitateur qui oscille régulièrement, j'émets des ondes à la surface de l'eau, des vagues circulaires concentriques qui s'éloignent à une certaine vitesse. J'excite une onde circulaire cohérente. Si au contraire j'agite l'eau en tous sens et de manière aléatoire, par exemple en la faisant bouillir dans une casserole, sa surface est très agitée, mais je suis incapable d'identifier une onde particulière, une distance bien définie entre des fronts d'onde qui se propagent. La surface de l'eau est alors le siège d'une agitation incohérente. Un système quantique est une onde cohérente, contrairement à un système non quantique, c'est-à-dire classique. Par exemple, un laser est une source de lumière cohérente quantique alors qu'une lampe ordinaire est une source incohérente classique.

Comment faire la différence entre les deux, entre le classique incohérent et le quantique cohérent ? En faisant des interférences. Si j'éclaire avec un laser un écran dans lequel j'ai pratiqué deux fentes, de la lumière passe à travers chaque fente et arrive de l'autre côté : ce qui passe est une superposition, une somme si vous préférez, de ce qui est passé par chaque fente. Cette superposition n'est pas uniforme, c'est une figure qui présente des bandes noires et des bandes brillantes, une figure d'interférences, parce qu'en certains endroits l'amplitude des oscillations provenant de chaque fente s'ajoute, les deux champs électriques sont par exemple tous les deux vers le haut, alors que, à d'autres endroits, ces champs arrivent avec un signe opposé et s'annulent l'un l'autre. On peut faire des interférences dans l'eau : si l'on prend deux agitateurs qui émettent deux ondes circulaires, il y a une région où ces ondes se croisent. Essayez avec deux doigts dans votre baignoire – après tout, pourquoi pas ? –, vous verrez que le croisement des deux ondes circulaires a une structure particulière, avec des zones qui ne bougent pas et des zones qui bougent, l'équivalent du noir et du brillant des interférences lumineuses. Mais si vous éclairez les deux mêmes fentes avec une lampe ordinaire au lieu d'un laser, vous ne verrez pas d'interférences : ce qui traverse sera une lumière uniforme. Ainsi, on peut distinguer la cohérence de l'incohérence, cela revient à se demander, en somme, si les ondes sont bien ou mal définies.

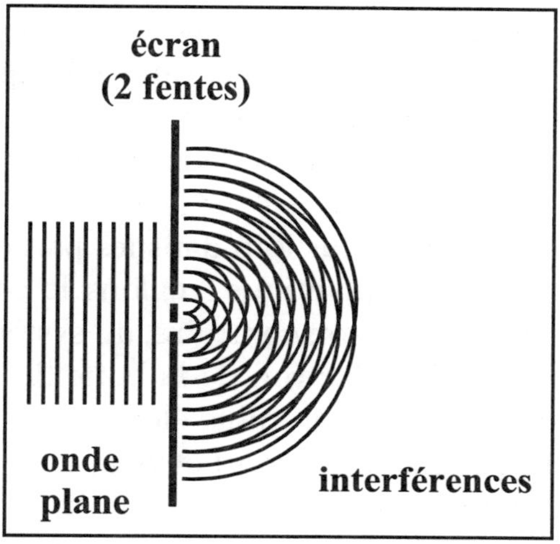

Une onde plane qui rencontre un écran percé de deux fentes est transmise de l'autre côté sous forme de deux ondes qui interfèrent, ce qui produit une alternance de zones brillantes et de zones sombres.

Imaginez une particule qui se propage dans le vide : si la mécanique quantique est vraie, c'est une onde libre, sans interaction avec quoi que ce soit, elle devrait donc passer à la fois par les deux fentes et produire des interférences derrière.

– Attends ! Si j'envoie un électron sur une plaque munie de deux fentes, l'électron passe à la fois par la fente de droite et par celle de gauche ?

– Oui ! Je sais bien que cela choque ton intuition, mais c'est vrai, on l'a vérifié, et de même qu'un électron peut tourner *à la fois à droite et à gauche,* de même il peut passer *à la fois par la fente de droite et par celle de gauche*. Incroyable ou pas, cette expérience est devenue classique. On peut détecter la transmission d'un jet d'électrons à travers deux fentes : on trouve des zones sans électrons et des zones avec, comme des bandes noires et brillantes, on peut même envoyer les électrons un par un, et on trouve qu'ils arrivent toujours dans certaines zones et pas dans d'autres, preuve qu'ils passent à la fois dans les deux fentes, comme l'onde qu'ils sont.

Avant d'aller encore plus loin dans les paradoxes dérangeants de la physique quantique, réglons le sort du chat : pour être à la fois ceci et son contraire, un système physique doit être cohérent, or l'électron de la boîte de Schrödinger l'est peut-être, mais pas l'ensemble électron + chat. Donc le chat ne peut pas être à la fois mort et vivant. Et pourquoi un chat n'est-il pas un système quantique ? Où est la frontière entre le quantique et le classique, s'il en est une ? Cette question est à la pointe de la recherche, elle est fondamentale et conditionne des applications révolutionnaires potentielles.

On a l'impression que c'est une question de taille. Les particules sont petites, elles peuvent être quantiques, les chats (ou les tables) sont gros, ils sont classiques. C'est effectivement un peu cela. Repensons à notre vague. Tant qu'elle se propage librement, pas de problème, on voit bien que l'eau monte et descend périodiquement dans le temps et dans l'espace. Si cette onde résonne dans un bassin, cela devient une onde stationnaire, comme le son dans une flûte, c'est toujours une onde bien définie. Une réflexion sur un bord, à condition qu'elle soit sans perte, ne détruit pas la cohérence d'une onde. C'est un peu comme une boule de billard : son mouvement après réflexion sur une bande est prédictible à partir de son mouvement avant. Mais si les bords sont absorbants, s'il y a échange d'énergie entre une particule (une onde, une boule de billard…) et son environnement, alors tout change, la cohérence de l'onde est perdue. Si quelqu'un prend la boule de billard qui arrive sur le bord et la relance, ce n'est plus le même mouvement. Si un faisceau laser est absorbé par un morceau de papier noir et réémis, ce n'est plus la même onde qui est réémise, ce n'est même plus la même couleur (la même fréquence). Ainsi, une interaction avec l'environnement peut détruire la cohérence d'une onde. Plus un système est grand, plus il interagit avec ce qui l'entoure, moins il est capable de conserver la cohérence de l'onde qui le représenterait s'il était quantique. Une table est fortement couplée à ce qui l'entoure : elle repose par terre, elle absorbe et réémet de la lumière, un chat miaule ou ronronne donc émet du son, et aussi de la chaleur. Bref, le couplage d'un objet macroscopique avec son environnement est tellement fort qu'il lui est impossible de conserver la cohérence d'une onde, même pendant les temps les plus courts qu'on puisse imaginer. N'essayez donc pas de projeter à travers deux fentes des chats, des pommes ou des tables, c'est inutile, il n'y a aucun espoir d'observer des interférences derrière.

Mais alors, où est donc la frontière entre le monde classique et le monde quantique ? C'est une question de temps, de taille et de couplage : plus on veut que la cohérence dure longtemps, plus il faut limiter le nombre de ses interactions avec son environnement, donc généralement sa taille. Pour revenir au test crucial des interférences à travers deux fentes, Anton Zeilinger a réussi à Vienne en 2001 à mesurer des interférences avec les fameuses molécules C_{60}, les grillages sphériques de 60 atomes de carbone qui ressemblent à des ballons de football en miniature. C'est un tour de force et l'on ne sait pas très bien s'il est possible d'aller beaucoup plus loin en taille. Il y a cependant une double exception remarquable, celle des superfluides et des supraconducteurs, qui sont des ondes de matière *quantiques ET macroscopiques*.

Vous vous souvenez de la condensation de Bose ? Au chapitre précédent, nous avons vu qu'un gaz d'atomes suffisamment froid pouvait atteindre un état collectif où tous les atomes, devenus indiscernables les uns des autres, se regroupaient en une grande onde de matière collective. En 1995, les chercheurs de Boulder (Colorado) et du MIT avaient découvert que ce phénomène quantique était bien tel qu'Einstein l'avait prévu soixante-dix ans plus tôt. La prédiction concernait un gaz sans interactions entre atomes, et les expériences étaient menées sur des gaz avec des interactions faibles, mais on a aussi compris quel était l'effet d'une faible attraction ou d'une faible répulsion entre atomes sur ce phénomène de condensation quantique. Bien que cette découverte ait constitué une véritable percée, on était persuadé depuis longtemps que ce même phénomène était déjà responsable des propriétés étonnantes de l'hélium liquide à basse température et de nombreux métaux qui deviennent « supraconducteurs », à basse température toujours.

Au-dessus de 2,17 kelvins (– 271 °C), l'hélium liquide est un liquide classique, léger et normal : si vous lancez un courant d'hélium liquide dans un récipient, il va finir par s'arrêter, parce qu'il frotte sur les parois, parce qu'il est légèrement visqueux. Toutefois en dessous de cette température qui est assez froide mais facile à obtenir dans un laboratoire de physique comme le mien, la viscosité disparaît. Certaines expériences ont montré que si on lançait un courant d'hélium liquide suffisamment froid, même à travers un anneau en verre poreux extrêmement fin, le courant ne s'arrêtait pas, il s'écoulait pendant des mois sans ralentissement mesurable. Lorsque le physicien russe Piotr Kapitza a observé cette propriété d'écoulement exceptionnel, il a inventé un mot pour la désigner et y réfléchir : la « superfluidité ». C'était à la fin de l'année 1937, l'histoire de cette découverte fera l'objet du chapitre suivant. Nous verrons que Kapitza n'a pas choisi ce mot par hasard, mais en référence à un phénomène qu'il pensait voisin, la « supraconductivité ».

Cette supraconductivité avait été découverte par H. Kamerlingh Onnes, en 1911 à Leyde. Ce chercheur hollandais avait mesuré la résistance électrique du mercure, qui est solide et métallique à froid, et découvert qu'elle disparaissait en dessous de 4 kelvins environ. L'existence d'une résistance électrique dans un métal provient de ce qu'un courant électrique n'est rien d'autre qu'un écoulement de charges, généralement des électrons, et que cet écoulement ne se fait pas sans pertes d'énergie : le gaz d'électrons est mobile entre les ions du métal mais il frotte en se déplaçant. Kapitza a pensé que l'hélium cessait de frotter sur les bords en dessous d'une certaine température exactement comme un gaz d'électrons dans certains métaux. Il avait raison mais on a mis très longtemps à s'en persuader. La théorie de la supraconductivité a été établie en 1954 par un trio connu sous le diminutif de BCS, John Bardeen, Leon Cooper et Robert Schrieffer, ce qui leur a évidemment valu un prix Nobel (en 1972)[18]. BCS ont compris que les électrons d'un métal pouvaient s'associer par paires afin de devenir des bosons puis se condenser au sens d'Einstein. Ils ont aussi compris l'origine de l'attraction qui apparie les électrons, cela ressemble de nouveau à ce qui se passe entre deux personnes sur un matelas mou : chaque corps (chaque électron) forme un creux dans le matelas (dans le réseau

18. L'un d'entre eux, John Bardeen, n'en était pas à son premier succès, il avait déjà partagé le prix Nobel 1956 pour la découverte du transistor. Impressionnant !

cristallin du métal) où l'autre a tendance à tomber. Mais il ne m'est pas possible de tout expliquer ici. On est donc persuadé aujourd'hui que l'hélium liquide est superfluide pour la même raison que les métaux sont supraconducteurs, même si certains esprits rebelles continuent à en douter : une condensation de Bose-Einstein y a lieu. La difficulté qui a si longtemps empêché les physiciens de l'admettre, est que, dans un liquide, les atomes sont en forte interaction mutuelle alors que le calcul d'Einstein concernait un gaz sans interaction aucune. Il a fallu de très nombreux travaux pour qu'on généralise les travaux d'Einstein et qu'on se persuade qu'il s'agissait bien du même phénomène. De fait, même aujourd'hui, on continue à considérer que le calcul précis de la structure de l'hélium liquide est extrêmement difficile. En revanche, pour un gaz d'atomes froids condensés au sens d'Einstein, tout est calculable avec précision, et la théorie désormais indubitablement vérifiée.

Si j'ai fait cette longue allusion aux superfluides et aux supraconducteurs, c'est pour signaler cette exception remarquable : les objets quantiques ne sont pas toujours microscopiques. Nous disions que la preuve la plus forte est une expérience d'interférences ? Eh bien, justement ! il est possible de faire interférer un courant supraconducteur qui passe par deux chemins différents ou un écoulement d'hélium superfluide qui passe à travers deux fentes ou deux trous : on observe bien des interférences constructives ou destructives, l'équivalent des franges noires et brillantes de la lumière laser, ce qui prouve que cette matière est une onde cohérente. Comment est-ce possible ? Pour des raisons subtiles, ces courants, supraconducteurs ou superfluides, ne peuvent pas échanger d'énergie avec leur environnement, leur cohérence reste donc intacte malgré le grand nombre d'atomes impliqués et le grand nombre d'atomes voisins. Je voulais signaler cette exception. Il faut dire aussi que, dans mon laboratoire, je vois de l'hélium superfluide presque tous les jours depuis plus de vingt ans, et cela continue de me surprendre.

La physique quantique est difficile, pour les physiciens professionnels aussi. Je voudrais conclure avec quelques considérations sur les ordinateurs quantiques, deux mots qui me semblent abusivement associés mais c'est d'actualité.

Si vous avez admis que dans une table il y avait de la mécanique quantique, alors, *a fortiori*, dans un ordinateur, ce doit en être plein ! Oui, bien sûr, mais c'est à nouveau une question de point de vue. Il ne faut pas non plus confondre la science et les objets techniques que la science a permis de construire. Dans le cas des ordinateurs, c'est certain, il y a de très nombreux transistors, et le transistor a été inventé comme une application directe de la théorie quantique des semi-conducteurs. Mais la logique d'un ordinateur est classique. Je veux dire par là que les calculs sont effectués par des circuits qui font des opérations et que rien n'est indéterminé là-dedans. Aucune porte logique de votre ordinateur n'est à la fois ouverte et fermée, par exemple. Aucune case de mémoire n'affiche à la fois la valeur 0 et la valeur 1. Or on vient de commencer à effectuer certains calculs, qui sont encore élémentaires mais progresseront peut-être, selon une logique quantique tout à fait différente, une logique qui utilise la superposition d'états pour effectuer des calculs en parallèle sur plusieurs éléments à la fois. Quel intérêt ? L'espoir est de résoudre infiniment plus vite un certain nombre de problèmes qu'on appelle « complexes », ce qui risque de bouleverser le codage des messages secrets.

La « complexité », dans le langage courant et dans la bouche de nombreux scientifiques, est une catégorie assez mal définie. Est souvent qualifié de « complexe » un problème qu'on ne sait pas résoudre facilement. Pourtant, dans certains cas, la complexité a une vraie définition mathématique rigoureuse qui n'est pas très difficile à comprendre.

LE problème complexe au sens des mathématiques appliquées, est celui du voyageur de commerce : c'est quelqu'un qui doit visiter un certain nombre N de villes et qui veut trouver le chemin le plus court. Vous imaginez bien que s'il a 2 villes à visiter il n'y a pas de problème. Si N = 3, c'est toujours assez simple, il n'y a pas beaucoup de chemins différents possibles, le voyageur trouve facilement quel est le plus court. Mais si N est grand, le nombre de chemins possibles est considérable ; en plus, si l'on trouve un chemin assez court, celui qui est éventuellement préférable peut s'avérer extrêmement différent de sorte qu'on ne le trouvera pas en optimisant un peu le précédent. Le voyageur moderne va programmer son ordinateur pour résoudre son problème et constater que celui-ci met un certain temps à trouver la bonne solution. Comment varie ce temps en fonction du nombre de villes ? Est-il proportionnel à N ? Cela paraît sûrement faux. Varie-t-il comme le carré (N^2) ou le cube (N^3) de ce nombre ? On démontre que non, que le temps augmente exponentiellement, c'est-à-dire encore plus vite que toute fonction polynomiale de type N, N^2, N^3, etc. Cette variation est tellement rapide que si le nombre de villes à visiter est vraiment grand, il faudrait l'âge de l'Univers ou même plus pour qu'un ordinateur trouve le bon chemin. Les mathématiciens disent donc que ce problème est « NP-complexe » ce qui signifie « non polynomial », impossible à résoudre si le nombre de paramètres est trop grand.

Un autre exemple de problème complexe est celui de la décomposition en facteurs premiers d'un grand nombre à beaucoup de chiffres. Tant que le nombre de chiffres est petit, c'est assez rapide. Par exemple, trouver que 15 = 3 x 5 ou même que 210 = 2 x 3 x 5 x 7, cela ne pose pas vraiment de problème, ni à vous ni à un ordinateur. Cependant, si c'est un nombre à 15 chiffres, il va falloir essayer de diviser par tous les nombres premiers les uns après les autres, ce qui prend un temps considérable. Pour coder les messages, on utilise la décomposition en nombres premiers de nombres qui sont suffisamment grands pour qu'un ordinateur n'ait pas le temps, en une vie humaine par exemple, de trouver la décomposition.

Quel rapport avec les ordinateurs quantiques ? C'est qu'en réalité la complexité n'est pas une propriété intrinsèque du problème. Tout dépend de la manière dont l'ordinateur cherche la solution. C'est donc une propriété du couple problème + ordinateur. Si on inventait un type d'ordinateur révolutionnaire qui saurait calculer plus efficacement que tous les ordinateurs actuels, certains problèmes complexes pourraient donc devenir plus simples à résoudre. C'est bien ce qui motive tant de recherches sur le calcul quantique à l'heure actuelle. Théoriquement, il semble possible d'utiliser un grand nombre d'éléments quantiques couplés (les spécialistes les disent « intriqués ») pour effectuer des calculs massivement parallèles sur tous les éléments à la fois et réduire considérablement le temps de calcul nécessaire.

Est-ce pour demain ? L'ordinateur classique (au sens de sa logique) sera-t-il un jour remplacé par un ordinateur quantique qui révolutionnerait le calcul et réduirait la complexité des problèmes qui se posent à nous ? Il semble que les difficultés techniques rencontrées soient difficilement surmontables. La principale ressemble à l'affaire du chat de Schrödinger : un ordinateur est un gros objet macroscopique. Calculer en parallèle sur deux ou trois particules quantiques couplées, c'est possible, c'est déjà fait, et certains chercheurs ont annoncé triomphalement qu'ils avaient trouvé 15 = 3 x 5. D'autres ont souri. Autant le principe nouveau de ces calculs est intéressant, autant sa mise en œuvre semble hors d'atteinte à l'heure actuelle : dès que le nombre d'éléments quantiques qui doivent être couplés augmente, le temps pendant lequel la cohérence quantique nécessaire résiste à l'environnement s'effondre, et l'on ne sait pas, à ma connaissance, comment contourner cette difficulté majeure à l'heure actuelle. Mais on cherche ! Et le croisement entre théorie de l'information et mécanique quantique est visiblement fécond, au moins sur le papier. Peut-être même que ces chercheurs vont trouver autre chose que ce qu'ils cherchent pour l'instant, cela s'est déjà vu dans le passé. Bref, la physique quantique nous surprend depuis un siècle et peut-être est-elle loin d'avoir fini !

6

Le pouvoir des mots

Un jour de mars 2003, Aiko Oshima et Vincent Ciccone, étudiants à l'École des arts décoratifs, sont venus me voir. Ils voulaient que je leur écrive un petit texte, plus précisément vingt mots liés à mon travail, avec leurs définitions. En réunissant plusieurs contributions de ce type, ils pensaient donner une idée de la vie de ce sommet de colline du Quartier latin à Paris, la montagne Sainte-Geneviève, où instituts d'études supérieures et de recherche sont nombreux, où l'art et la science se côtoient bien que leurs acteurs ne s'en rendent pas toujours compte. Ils projetaient d'y adjoindre leurs propres œuvres et d'exposer l'ensemble. Leur idée m'a plu. J'ai joué le jeu, mais certaines de mes définitions visaient plus à intriguer qu'à expliquer. Je leur avais écrit à peu près ceci :

Jardin : espace planté. Rare au Quartier latin. Le jardin qui sépare les Arts-déco des laboratoires de l'École normale supérieure et de l'Institut Curie était un jardin botanique expérimental. Un jour, à l'initiative de leur directeur, Édouard Brézin, les physiciens de l'ENS ont décidé de retrousser leurs manches et d'aménager ce jardin, d'en faire un lieu fleuri où l'on pourrait pique-niquer l'été.

Vert : c'est la couleur de mon tableau noir. Les autres sont blancs. À ma connaissance, dans le quartier, il n'y a que Pierre Gilles de Gennes, au Collège de France, qui en ait eu un rouge.

Hélium : le plus petit des gaz rares. Un élément très étudié en physique parce qu'il n'a pas de chimie. C'est avec de l'hélium qu'on remplit les ballons des enfants afin que la poussée d'Archimède les fasse monter dans l'air. C'est aussi le plus froid et le plus pur de tous les liquides, ce qui en fait un candidat exceptionnel pour l'étude des propriétés de la matière, qu'elles soient classiques ou quantiques. Pour s'approcher du zéro absolu, c'est un fluide réfrigérant indispensable et, sans lui, l'imagerie médicale ne serait pas ce qu'elle est.

Café : je me souviens d'un réduit sans fenêtre à l'Institut Kapitza à Moscou, où le « coffee club » local se réunissait tous les jours pour d'interminables échanges sur la physique en marche. En juin 1984, j'avais adhéré à ce club pour un rouble symbolique. Il se faisait plus de science dans cet endroit que dans aucune autre pièce de ce bâtiment construit par Staline qui avait profité du centenaire de Mendeleïev pour rapatrier de force Piotr Kapitza, élève de Rutherford à Cambridge et futur prix Nobel pour sa contribution à la découverte de la superfluidité. Au 24 de la rue Lhomond, Albert Libchaber avait tenté d'associer le café au séminaire général hebdomadaire mais il n'existe pas vraiment d'endroit où l'on rencontre facilement ses collègues : économie de mètres carrés, défaut d'organisation scientifique.

Diagonales : le césium est le plus gros des alcalins. Dans le tableau de Mendeleïev, il est tout en bas à gauche alors que l'hélium, lui, est tout en haut à droite. En 1991, Jacques Treiner et ses collègues Cheng, Cole, et Saam, trois Américains, ont compris que cet éloignement diagonal empêchait l'hélium liquide de s'étaler sur le césium solide. Un autre Jacques, responsable de notre bureau de dessin, est un cycliste acharné ; il a déjà plusieurs « diagonales » comme Brest-Nice à son actif.

Vélo : un moyen de transport particulièrement adapté à la rue d'Ulm, souvent embouteillée par les ambulances de l'Institut Curie, les enterrements à l'église du Liban et les camions poubelles. Jaloux de ma mobilité, les automobilistes coincés me klaxonnent quand je les double sur mon vélo. Moi, je pense à Marie Curie, qui planta ces beaux platanes il y a presque un siècle, sur ma gauche.

Froid : en dessous de zéro degré Celsius (0 °C), il fait froid rue Lhomond. Essentiel à mes recherches, mon réfrigérateur à dilution descend, lui, au-delà de – 273 °C. Le zéro de l'échelle de température absolue (0 kelvin = – 273,15 °C) est une limite infranchissable où l'agitation thermique de la matière s'arrête. Il reste l'agitation quantique, celle qui empêche l'hélium liquide de geler (sauf si on le comprime).

Cosmonautes : c'est une erreur d'envoyer des hommes dans l'espace, n'en déplaise à madame Claudie Haigneré, cosmonaute et ex-ministre de la Recherche. Cela coûte cher, c'est dangereux et les robots s'acquittent mieux que l'homme de la seule tâche qui ait vraiment un intérêt là-haut, observer la Terre et le ciel. En mai 68, des manifestants avaient rebaptisé le couvent de la rue Lhomond : grâce à un joyeux coup de peinture, les « missionnaires du Saint-Esprit » étaient devenus les « Cosmonautes du subconscient ». Est-ce là que l'abbé Lhomond écrivit sa grammaire latine ?

Vide : au XXe siècle, les physiciens ont compris que le vide n'est pas vide. Il est le siège de fluctuations qui sont responsables de l'émission spontanée de lumière par les atomes. Malgré ces subtilités, lorsqu'on pompe sur une enceinte étanche, on la vide de presque tous les atomes qu'elle contenait au départ, ce qui change ses propriétés, en particulier la propagation de la chaleur à travers l'espace vidé : le vide est un bon isolant thermique.

Fuites : c'est le cauchemar des physiciens des basses températures. En remplissant de gaz les espaces vides qui servent à l'isolation thermique, les fuites rendent tout refroidissement impossible. Les plus redoutables, dites « superfuites », ne laissent passer que l'hélium superfluide, un liquide quantique en dessous de 2 degrés absolus (– 271 °C) dont la viscosité est nulle et qui peut donc se précipiter à travers le moindre pore comme si c'était un canal grand ouvert.

Mail : message électronique. Par extension, le réseau de communications lui-même. Tous les chercheurs du monde entier sont désormais interconnectés en permanence *via* leurs ordinateurs. Par mail, ils s'échangent beaucoup de science, beaucoup d'amitié, parfois davantage. Ce réseau a été inventé en 1989 par Tim Berners-Lee, un chercheur du CERN, à Genève. Il y a longtemps que les chercheurs scientifiques forment une grande famille mondiale.

...

J'espère que, pour mes jeunes voisins, ces mots ont eu le pouvoir d'évoquer quelques aspects de mon quotidien de chercheur. Si je travaillais sur les particules élémentaires, j'aurais évoqué le pouvoir métaphorique de certains mots du langage scientifique : le « charme » des particules est par exemple un concept rigoureux, pas une simple question d'esthétique. À ce propos, je n'ai pas d'objection à ce que les scientifiques utilisent des métaphores lorsque celles-ci aident la représentation des concepts. Ainsi, lorsque je parle de « bosons grégaires », c'est pour évoquer la tendance de ces particules quantiques à se comporter toutes de la même manière. Mais lorsque les psychanalystes Jacques Lacan ou Julia Kristeva détournent les mots de la logique mathématique ou de la physique quantique pour se parer d'une sorte d'autorité qu'ils n'ont pas, je m'insurge en compagnie d'Alan Sokal et de Jean Bricmont[19].

Quoi qu'il en soit, les mots n'ont pas seulement un pouvoir d'évocation. Ils sont bien sûr le support de la pensée. Mais lorsqu'il invente un mot, un scientifique invente-t-il un concept ? Se peut-il parfois qu'il ne fasse que faciliter la communication d'une idée en l'habillant d'un seul mot ? Doit-on attribuer à l'inventeur d'un mot tout le mérite de la découverte correspondante ou reconnaître qu'il est seulement un peu meilleur en communication que d'autres ? Cette question se pose souvent dans un milieu hautement compétitif où l'on jauge les chercheurs régulièrement, en particulier en leur attribuant différents types d'honneurs, invitations à des conférences, prix nationaux ou internationaux par exemple. Notre microcosme récompense donc des individus, qui apparaissent ainsi comme les seuls auteurs de découvertes qui résultent cependant, en général, d'un travail collectif. Or la communauté des chercheurs est tout sauf insensible à ces honneurs, et c'est légitime. Mais on a tendance à ne se souvenir que du vainqueur, et lorsqu'un seul vainqueur a été désigné, malgré tous les scrupules qu'apportent les jurys à leurs choix, surtout celui du prix Nobel, il est parfois nécessaire d'apporter quelques nuances au mérite de chacun.

---

19. A. Sokal et J. Bricmont, *Impostures intellectuelles*, Paris, Odile Jacob, 1997.

C'est à mon avis le cas de la superfluidité, un exemple qui me tient particulièrement à cœur parce que c'est une propriété quantique de la matière que j'ai étudiée, mais aussi parce que l'histoire de sa découverte en 1937-1938 illustre de nombreux aspects du travail scientifique ainsi que de l'histoire troublée de cette époque, pas seulement l'impact que peut avoir l'invention d'un mot.

La « superfluidité » est donc cette propriété qu'ont certains fluides de s'écouler sans frottements, c'est-à-dire comme si leur viscosité était nulle, en dessous d'une certaine température. On attribue souvent sa découverte expérimentale à Piotr Kapitza, prix Nobel 1978, et son interprétation théorique à Lev Landau, immense figure de la physique théorique en URSS, prix Nobel seize ans plus tôt, en 1962. En osant contester cette double attribution dans le *Bulletin de la Société française de physique*[20], soixante-cinq ans après les événements, je ne me suis pas fait que des amis. Si vous le voulez bien, remontons donc l'histoire complexe de cette affaire.

Dans son numéro du 8 janvier 1938, la revue britannique *Nature* publia deux articles côte à côte. Le premier, page 74, « Viscosity of liquid helium below the lambda-point[21] », avait été envoyé le 3 décembre 1937 par P. Kapitza, Institute for Physical Problems, Moscow. Le second, page 75, « Flow of liquid helium II[22] » l'avait été le 22 décembre, soit 19 jours plus tard, par J. F. Allen et A. D. Misener, Royal Mond Laboratory, Cambridge.

Le « point lambda » est la température (T_λ = 2,17 degrés Kelvin = – 271 °C) à laquelle Willem Keesom, à Leyde près

20. S. Balibar, « Qui a découvert la superfluidité ? », *Bulletin de la SFP* 128, 14, 2001.

21. « Viscosité de l'hélium liquide en-dessous du point lambda. »

22. « Écoulement de l'hélium liquide II. »

d'Amsterdam, avait découvert en 1927 une anomalie dans la physique de ce liquide très froid ; à cette température, l'hélium était particulièrement difficile à chauffer. En effet, ce que les physiciens appellent sa « chaleur spécifique » y était maximale. La forme de la courbe représentant cette quantité en fonction de la température ressemblait à la lettre grecque lambda, d'où le nom choisi par Keesom. Par la suite, il appela « hélium I » le liquide au-dessus de T_λ et « hélium II » celui d'en dessous. Dès cette époque, il avait donc compris que ce liquide avait beau être composé de petits atomes ronds sans aucune propriété chimique, il présentait néanmoins deux états liquides différents, une découverte pour le moins surprenante.

Les événements se précipitèrent en avril 1937 à Cambridge, lorsque J. F. Allen, R. Peierls et M. Z. Uddin trouvèrent que l'hélium II conduisait remarquablement bien la chaleur. À Moscou, leur concurrent Kapitza chercha immédiatement à comprendre pourquoi. Les mouvements de ce liquide pouvaient-ils être très intenses si sa viscosité était faible et contribuer ainsi à transporter la chaleur ? Il tenta donc de mesurer cette viscosité en étudiant l'écoulement du liquide entre deux disques polis et pressés l'un contre l'autre, par une fente de moins d'un micron d'épaisseur. Il trouva qu'au-dessus de T_λ, l'hélium I coulait à peine, alors qu'en dessous, l'hélium II coulait très facilement. Dans son article de *Nature*, bien qu'il n'ait donné aucun résultat de mesure, il affirma que la différence de pression entre l'entrée et la sortie de la fente était proportionnelle au carré de la vitesse, puis il en déduisit que *l'écoulement était turbulent*[23]. C'était une

23. « *The pressure drop accross the gap was proportionnal to the square of the velocity of flow, which means that the flow must have been turbulent.* »

phrase étonnante : aucune loi ne prédit un tel comportement en physique de la turbulence. Poursuivant néanmoins un raisonnement qui me semble assez confus, il expliqua ensuite que *si l'écoulement n'était pas turbulent*, s'il était donc laminaire, la viscosité du liquide devrait être extrêmement faible, inférieure à un milliardième de poise[24], soit dix millions de fois moins que l'eau. En conclusion, Kapitza écrivit deux lignes qui firent date : « Par analogie avec les supraconducteurs, l'hélium en dessous du point lambda pourrait être appelé superfluide[25]. » Il inventa donc le mot « superfluide ».

Comme j'en parlais rapidement au chapitre précédent, un métal devient supraconducteur et sa résistance électrique disparaît lorsque ses électrons s'écoulent sans frottements. L'hélium liquide montrait bien un autre exemple d'écoulement sans frottement, et Kapitza avait raison de rapprocher ces deux phénomènes même si la nature du rapport entre superfluidité et supraconductivité allait, elle aussi, n'être élucidée que des décennies plus tard.

Résumons : l'article de Kapitza est étonnamment mince et en partie faux, mais il contient deux lignes géniales vers la fin. Comparons avec l'article paru à côté.

L'article des Britanniques commence ainsi : « Un survol des propriétés de l'hélium liquide II nous a incités à étudier sa viscosité plus soigneusement. L'un d'entre nous avait étudié la viscosité de l'hélium II en mesurant l'amortissement d'un pendule de torsion cylindrique, et trouvé une

24. La poise est une unité de viscosité qui tient son nom de Jean-Louis Marie Poiseuille, médecin et physicien français qui étudia l'écoulement du sang au début du XIXe siècle ; la viscosité de l'eau est de l'ordre du centième de poise.

25. « *By analogy with superconductors, the helium below the lambda point enters a special state which might be called superfluid.* »

valeur inférieure à un cent millième de poise. *Nous en étions arrivés à la même conclusion que Kapitza dans la lettre ci-dessus*, à savoir que l'écoulement n'est probablement pas laminaire…[26] » Ainsi, entre le 3 et le 22 décembre 1937, Allen et Misener avaient donc appris l'arrivée de l'article de leur concurrent, Kapitza. Je me suis renseigné et j'ai compris comment. Mais situons d'abord Allen et Kapitza dans le contexte historique mouvementé de l'époque.

Chercheur de nationalité soviétique, Kapitza avait fait sa thèse à Cambridge sous la direction de Rutherford, dans le laboratoire Cavendish fondé par Maxwell à Cambridge, l'université de Newton et bien d'autres. Grâce à la généreuse donation d'un certain Ludwig Mond, la Royal Society – c'est-à-dire l'Académie des sciences du Royaume-Uni – lui avait ensuite construit le Mond laboratory. Kapitza y avait inventé puis construit un nouveau type de liquéfacteur d'hélium et y effectuait de dangereuses expériences avec de très hauts champs magnétiques ; ce laboratoire était donc tout en longueur afin de protéger le bureau de son directeur d'une explosion possible à l'autre bout du bâtiment. Il avait l'habitude de rentrer à Moscou tous les étés pour voir sa famille, mais en 1934 on fêtait aussi le centenaire de Mendeleïev à Leningrad. Kapitza avait donc une double raison de rentrer. C'est alors que Staline l'empêcha de repartir. Le grand dictateur avait besoin du grand savant pour le « plan oxygène

26. « *A survey of the various properties of liquid helium II has prompted us to investigate its viscosity more carefully. One of us had previously deduced au upper limit of* 10^{-5} *cgs iunits for the viscosity of helium II by measuring the damping of an oscillating cyclinder. We had reached the same conclusion as Kapitza in the letter above ; namely that, due to the high Reynolds number involved, the measurements probably represent non-laminar flow.* »

nécessaire au développement industriel », plus tard pour aider à la fabrication de la bombe soviétique, ce qui devait provoquer la disgrâce de Kapitza. En 1934, il s'agissait surtout pour Staline de mettre son savant kidnappé au travail. Il lui construisit donc l'Institut des problèmes physiques à Moscou, une sorte de grande maison dans un parc, que nous connaissons aujourd'hui sous le nom d'Institut Kapitza. Face à ce rapt, Rutherford intervint pour qu'on envoie son équipement à Kapitza. Il y mit cependant deux conditions : que la Russie veuille bien racheter ce matériel et que Cambridge puisse garder le précieux liquéfacteur d'hélium construit par Kapitza.

Il faut dire que l'hélium était en train d'acquérir une place à part dans la physique moderne. Avant même que l'on y découvre que la physique quantique pouvait se manifester à une échelle macroscopique, on avait compris que ce liquide était indispensable dans la course aux basses températures. On savait aussi qu'aux confins du zéro absolu (0 degré Kelvin), l'agitation thermique de la matière disparaissait et que les plus fines interactions entre constituants devenaient accessibles à la mesure, comme un paysage apparaît lorsque le brouillard se lève.

Mais on comptait les laboratoires sachant liquéfier l'hélium sur les doigts d'une seule main : Leyde, Toronto, Oxford, Cambridge, Kharkov. Afin de reconstruire un liquéfacteur et de redémarrer au plus vite son activité scientifique, Kapitza avait aussi obtenu de faire venir pour trois ans à Moscou l'un de ses étudiants, David Schönberg, futur directeur du Mond Laboratory, ainsi que les deux techniciens qui l'aidaient à liquéfier l'hélium à Cambridge, Laurman et Pearson. On comprend au passage à quel point Staline avait besoin de Kapitza ; c'est bien d'ailleurs ce qui allait permettre à ce dernier, quand les arrestations arbitraires faisaient rage, d'obtenir la libération du jeune théoricien Fok puis surtout celle de Landau lui-même. Ce futur leader de la physique théorique en URSS avait fait ses études doctorales à Leningrad puis un séjour postdoctoral chez Niels Bohr, avant d'obtenir un premier poste à Kharkov (Ukraine) puis d'être invité par Kapitza à le rejoindre à Moscou. Mais, en mars 1938, ce jeune génie arrogant avait été arrêté pour opposition au régime et emprisonné. Pour le faire libérer, Kapitza dut offrir à Molotov sa propre liberté comme gage de celle de Landau, mais il mit plus d'un an à y parvenir (avril 1939). Juste d'avant d'affronter Staline et Molotov, Kapitza (qui ne manquait pas de cran !) avait donc envoyé son article à *Nature*.

Il faut bien comprendre l'importance des publications pour nous tous, chercheurs scientifiques. Déjà à cette époque, être publié dans une revue scientifique était l'acte attestant de la production d'une connaissance. Depuis longtemps, les grandes revues sont internationales et disposent d'un comité éditorial qui note la date d'arrivée pour d'évidentes questions de priorité, puis garde l'article secret le temps nécessaire à un examen critique. Il s'agit de vérifier que le contenu est suffisamment cohérent et rigoureux, qu'il résiste aux critiques éventuelles de deux lecteurs anonymes en position d'arbitres (des *referees*). Cette phase d'examen est très importante et délicate, nous la respectons tous avec beaucoup de scrupules, quelles que soient les contestations qui ne manquent pas de se produire ici ou là. L'acceptation pour publication dans une revue internationale avec comité de lecture est ce qui confère à notre travail un premier gage de qualité scientifique, à nos résultats un premier élément de vérité. Et, bien sûr, le premier qui publie a trouvé, alors que le second apparaît comme ayant simplement reproduit le travail du premier. D'ailleurs, en principe, toute publication doit exposer tous les détails nécessaires à la reproduction éventuelle des travaux par un autre chercheur, c'est une règle, qu'il s'agisse de résoudre une équation ou de faire une mesure. Un résultat scientifique doit être reproductible. Malgré tout, à quelques jours près, est-il possible d'affirmer qu'on a *reproduit* alors qu'on a *cherché en même temps* ? C'est l'un des problèmes qui nous occupent.

Donc Kapitza avait envoyé son article à *Nature*. Mais on imagine son impatience à être publié rapidement ainsi que les difficultés de communication entre Moscou et l'Angleterre en 1937. C'est pourquoi, et David Schönberg me l'a confirmé dans une lettre manuscrite du 22 janvier 2001, il avait demandé à John Cockroft, son ancien camarade d'étude chez Rutherford, de bien vouloir s'occuper de la correction des épreuves à sa place. Cockroft avait pris la suite de Kapitza à la direction du Mond Laboratory. Il devait aussi obtenir le prix Nobel en 1951 pour avoir, le premier, vérifié la relation $E = mc^2$ d'Einstein ! Voyant que Kapitza publiait des résultats semblables à ceux qu'Allen et Misener avaient obtenus dans son propre laboratoire, il leur a demandé de publier rapidement eux aussi. Je dois ajouter que la concurrence était nécessairement dure : Jack Allen était l'un des deux jeunes scientifiques que Cambridge avait embauchés pour remplacer Kapitza, au départ forcé de ce dernier. L'autre était Rudolf Peierls, un théoricien qui devait devenir célèbre pour ses travaux sur la matière quantique. Enfin, comme Jack Allen avait travaillé à Toronto précédemment, il avait attiré à son tour un étudiant de là-bas, Dan Misener. En somme, Allen et Misener, Canadiens immigrés à Cambridge, travaillaient en partie grâce au matériel de leur prédécesseur et concurrent, Kapitza, Russe non moins immigré à Cambridge avant d'être kidnappé par Staline.

Revenons à la question des dates. Dans son livre, le physicien soviétique Andronikashvili affirme que Kapitza a une priorité sur Allen puisqu'il a soumis son article 19 jours avant. Mais c'est absurde : Allen ne peut pas avoir simplement reproduit le travail de Kapitza. Son article avec Misener contient une étude quantitative précise et approfondie de l'écoulement de l'hélium liquide à travers de nombreux tubes fins comme des cheveux, ce qu'on appelle des « capillaires ». Il s'agit d'un travail considérable, irréalisable en 19 jours. Songeons que chaque expérience commençait par la production de l'hélium liquide nécessaire à la réfrigération de l'ensemble ! Ils citaient Kapitza par honnêteté intellectuelle et tiraient de leurs mesures trois conclusions étonnantes :

1 – l'hélium II coulait beaucoup plus vite que l'hélium I. Un faible changement de température suffisait à bouleverser le comportement de ce liquide ;

2 – la vitesse d'écoulement de l'hélium II était pratiquement indépendante de la pression aux bornes du capillaire : lorsque vous arrosez votre jardin, le débit de votre tuyau d'arrosage dépend de l'ouverture plus ou moins grande du robinet. Là, non ;

3 – cette vitesse d'écoulement semblait aussi indépendante de la section du capillaire qu'ils avaient pourtant fait varier d'un facteur 1 000 : dans un tuyau classique, qu'il soit d'arrosage ou pas, la vitesse est proportionnelle à la section, elle aurait dû être 1 000 fois plus grande dans le plus gros capillaire d'Allen et Misener que dans le plus fin !

Comme cela ne correspondait à aucune loi classique, ils énoncèrent simplement qu'il était impossible d'en déduire une valeur de la viscosité. Voilà qui était clair, rigoureux et juste. Ils apportaient la première preuve expérimentale que l'écoulement de l'hélium II obéissait à des lois inconnues, qu'il s'agissait d'un nouveau type de fluide. En revanche, la loi quadratique évoquée sans chiffres par Kapitza ne devait jamais été confirmée par la suite et ne prouvait d'ailleurs en rien que l'écoulement était turbulent. La valeur scientifique de l'article d'Allen et Misener étant clairement supérieure à celle de celui de Kapitza, comment se fait-il que Kapitza ait eu le prix Nobel et pas Jack Allen ?

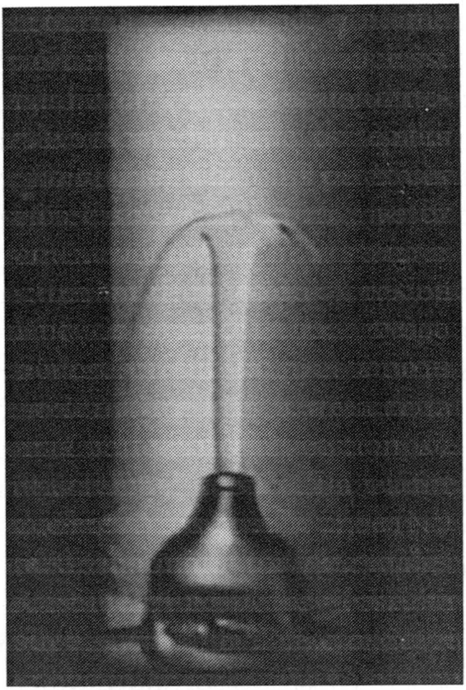

L'effet fontaine, photographié par J. F. Allen et J.M.G. Armitage en 1971.

Cette injustice n'a pas seulement des raisons psychologiques ou politiques. Il y a là-dessous un problème scientifique intéressant, celui du lien théorique délicat entre la superfluidité et la condensation de Bose-Einstein dont nous parlions au chapitre 4. Voilà qui me force à faire entrer trois nouveaux grands hommes de science dans cette histoire : Fritz London, Laszlo Tisza et Lev Landau.

Reprenons donc le cours des événements. Le 5 février 1938, soit quatre semaines plus tard, Jack Allen publia un second article dans *Nature*, cette fois avec Harry Jones. Il venait de découvrir que chauffer l'hélium superfluide d'un côté d'un capillaire augmentait la pression locale au point de faire monter le niveau et même jaillir une fontaine. Il baptisa cette nouvelle découverte l'« effet fontaine ». Telle que se présentait l'expérience, le niveau de liquide dans la partie chauffée aurait dû descendre s'il s'était agi d'un liquide classique. Observer l'inverse plongeait Allen et Jones dans d'obscures conjectures sur la nature de ce liquide, et cette fois les théoriciens n'avaient plus le choix, il leur fallait trouver une interprétation radicalement différente de ce nouvel état de la matière.

Un mois suffit à Fritz London pour envoyer à *Nature* un article intitulé « The lambda-phenomenon and the Bose-Einstein degeneracy[27] » qui fut publié le 9 avril. Né en 1900 à Breslau (Wroclaw en Pologne aujourd'hui), Fritz London fuyait l'Allemagne nazie où il avait travaillé avec Erwin Schrödinger et fondé la chimie quantique avec Walter Heitler. Paul Langevin, Jean Perrin et Edmond Bauer l'avaient accueilli en plein Front populaire à l'Institut Henri-Poincaré ; il devait donc rester à Paris jusqu'en 1939, date où il prit le poste de professeur qu'on lui avait offert à l'Université Duke aux États-Unis. London avait remarqué que la température du point lambda (2,2 K) était voisine de celle (3,3 K) à laquelle aurait pu se produire la sorte de condensation quantique prévue par Einstein. Il avait compris aussi que ce liquide était le siège d'une agitation quantique importante provenant de la faible masse de ses atomes. Il avait

27. « Le phénomène lambda de l'hélium liquide et la dégénérescence de Bose-Einstein. »

enfin remarqué que la singularité en forme de lettre grecque lambda de l'hélium liquide ressemblait à celle prévue à la température de condensation quantique par Einstein.

London avait vu juste et pourtant, à l'époque, peu de gens croyaient à la réalité de cette « condensation de Bose-Einstein ». Einstein lui-même n'avait-il pas écrit : « La théorie est jolie mais y a-t-il la moindre vérité là-dedans[28] ? » La théorie des changements d'état de la matière était dans les balbutiements, Uhlenbeck ne comprenait pas comment pouvaient exister deux états liquides différents si l'on ne pouvait pas observer leur équilibre. Si l'on met de la glace dans un verre d'eau et que la température est 0 degré Celsius, la glace et l'eau liquide sont en équilibre l'une avec l'autre. Or un tel équilibre n'était pas possible entre un gaz classique et le même gaz condensé au sens d'Einstein. Mais le sujet avait progressé lors de la conférence de 1937 qui célébrait le centenaire de Van der Waals, à la suite d'une discussion entre Einstein, Ehrenfest et Kramers. London y assistait, certes, mais considérer ce qui semblait encore être une sorte de pathologie de la théorie des gaz quantiques comme l'explication d'un nouvel état de la matière liquide représentait une vraie percée conceptuelle. Landau allait refuser obstinément d'y croire comme nous allons le voir, mais encore un peu de patience.

Fritz London n'était pas le seul étranger en fuite à Paris. Il y avait attiré Laszlo Tisza qui était né en 1907 à Budapest. Ancien étudiant de Max Born à Göttingen, Tisza avait obtenu un doctorat sous la direction de Heisenberg et Teller à Leipzig, mais il fut arrêté par le pouvoir hongrois comme communiste. Après quatorze mois de prison, il se réfugia

---

28. « *Die Theorie is hübsch, aber ob auch etwas wahres dran ist ?* », lettre à Paul Ehrenfest, 29 novembre 1924.

pour un séjour postdoctoral à Kharkov… chez Landau. À Paris, Paul Langevin l'avait ensuite accueilli au Collège de France avec l'aide du Comité français pour l'accueil et l'organisation du travail des savants étrangers. Travailler avec Fritz London était facile puisque, du Collège de France à l'Institut Henri-Poincaré, il suffit de traverser la place du Panthéon. Au laboratoire de Paul Langevin travaillait Jacqueline Hadamard, la fille du grand mathématicien Jacques Hadamard, et c'est elle qui aida Tisza à rester en France jusqu'en 1941, le temps que l'administration lui procure un visa d'émigration pour les États-Unis. Il put ainsi prendre un bateau, échapper de justesse aux persécutions antisémites et rejoindre le poste de professeur que le MIT lui avait proposé.

Le courrier électronique est tout de même une invention merveilleuse. Début 2001, apprenant que Tisza, professeur émérite, était toujours actif à quatre-vingt-quatorze ans, j'ai cherché sur Internet son adresse et l'ai facilement trouvée. Je lui ai donc envoyé un mail au MIT, à tout hasard, pensant jeter une bouteille à la mer. Je voulais mieux comprendre comment s'était passée cette période d'intense activité scientifique dans un contexte politique aussi instable. Non seulement il m'a répondu, mais après quelques échanges électroniques, j'ai pu l'inviter en juin à l'École normale supérieure pour donner une conférence sur la superfluidité.

Notre laboratoire est à deux cents mètres de l'Institut Henri-Poincaré et nous sommes passés devant ensemble. Tisza marchait lentement, j'avais envie de lui donner le bras et nous nous sommes arrêtés un instant devant le grand immeuble en brique rouge de la rue Pierre et Marie Curie. Avril 1938 lui revenait en mémoire. London et lui aimaient se promener ensemble et c'est en marchant que London lui avait expliqué son idée que la superfluidité était due à une condensation quantique du type de celle prévue par Einstein pour les gaz bien qu'il s'agisse d'un liquide. Tisza eut alors, à son tour, une série d'idées géniales permettant d'expliquer la plupart des propriétés connues de l'hélium superfluide à partir de l'hypothèse de London, de quoi faire même quelques prédictions supplémentaires. Le 21 mai 1938, toujours dans *Nature*, il publia alors l'article fondateur de ce qu'il appelait le « modèle à deux fluides ». Comme son nom l'indique, ce modèle considérait que l'hélium liquide était le mélange de deux fluides inséparables l'un de l'autre mais dont le mouvement était indépendant, une nouvelle idée révolutionnaire. Comment une partie de ce liquide pouvait-elle se déplacer sans l'autre ? Mélangez donc de l'eau et de l'alcool et essayez de déplacer l'eau sans l'alcool ! Or Tisza comprit que cette possibilité incroyable était une conséquence de la condensation de Bose-Einstein. Pour London lui-même cela paraissait impossible. Mais Tisza avait raison.

Cette histoire compliquée illustre à la fois les hésitations et les controverses qui agitent les acteurs de la science en marche et la précipitation des événements sur un sujet hautement compétitif : tous ces articles et même quelques autres publiés par les équipes de Kharkov et d'Oxford que je ne peux pas décrire ici ont été publiés dans le même numéro de *Nature*, entre janvier et mai. Peu de temps après, Kapitza intervenait pour sauver Landau des geôles de Staline. La recherche expérimentale en Angleterre allait bientôt faire une pause forcée et Landau se remettre enfin au travail. En 1941, il publia dans le *Journal de physique de l'URSS* un article intitulé « La théorie de la superfluidité de l'hélium II[29] », où il développa un modèle à deux fluides plus

29. L. D. Landau, « The theory of the superfluidity of helium II », *J. Phys. USSR*, 5, 71, 1941.

rigoureux que celui de Tisza et qui sert toujours de base à la compréhension de la superfluidité. Cet article a le grand mérite d'inventer le concept de « quasi-particule » pour décrire un liquide quantique. Il explique à la fois comment l'hélium superfluide coule et quelles sont ses propriétés thermodynamiques (comment il s'échauffe par exemple). Bien que fondamental dans un large domaine de la physique, il est d'une part d'une injustice flagrante à l'égard de Jack Allen puis de Laszlo Tisza, d'autre part d'un silence assourdissant à propos de Fritz London. Voilà qui mérite à nouveau quelques mots de psychologie, de politique et de science.

Landau commence son article ainsi : « L'hélium liquide est connu pour posséder des propriétés particulières, [...] parmi elles, la plus importante est *la superfluidité découverte par Kapitza.* » Certes, Landau devait la vie à Kapitza, mais Kapitza lui-même ne prétendait pas accaparer tout le mérite de cette découverte. Landau continue en attribuant non pas à son auteur London mais à Tisza la « suggestion » qu'il existe un lien entre superfluidité et condensation de Bose-Einstein ; puis il écrit : « Non seulement l'explication avancée par Tisza n'a pas de fondements dans ses suggestions mais est en contradiction directe avec elles[30]. » Cette fois il était d'une excessive sévérité avec son ancien postdoc. Huit ans plus tard, après avoir corrigé une légère erreur de sa propre théorie, il précisa son opinion sur Tisza :

« Je suis heureux de reconnaître ma dette à l'égard de Tisza qui a [...] décrit dès 1938 l'hélium II en le divisant en deux parties et en [*leur*] attribuant [...] deux champs de vitesse. L'article détaillé de Tisza [*Journal de Physique et du radium I*, p. 165 et 350 (1940)] n'était pas disponible en

30. « *The explanation advanced by Tisza not only has no foundations in his suggestions but is in direct contradiction with them.* »

URSS à cause de la guerre, et je regrette de ne pas avoir remarqué ses deux lettres précédentes [*Comptes rendus de l'Académie des sciences*, Paris, 207, p. 1035 et 1186 (1938)]. Cependant, toute sa théorie quantitative (microscopique ainsi que thermodynamique-hydrodynamique) est à mon avis entièrement incorrecte. »

On apprend donc deux choses : d'une part, que Landau continuait de mépriser le travail de son ancien postdoc, d'autre part, qu'il n'avait pas lu les articles de Tisza qui avaient immédiatement suivi sa courte lettre à *Nature*. Je me suis demandé, sur ce dernier point, si la raison pouvait en être que Tisza les avait publiés en français, ce qui rejoignait mes préoccupations sur les publications internationales (voir le chapitre 12). Mais on m'avait raconté que Landau, après le grave accident de circulation qui le plongea dans le coma en 1962 et l'empêcha d'aller recevoir son prix Nobel en mains propres, avait repris conscience en disant quelques mots... de français. Pour démêler cette autre question confuse, j'ai contacté un ancien élève de Landau, Alexeï Abrikosov, célèbre physicien de la supraconductivité émigré aux États-Unis après l'effondrement du régime soviétique. Abrikosov semblait choqué que j'ose imaginer que Landau, idole absolue de la physique en URSS, ait pu ne pas comprendre le français. Dans son mail du 15 janvier 2001, Abrikosov me répondit :

Cher Dr Balibar,

Landau était très doué pour les langues. Il savait l'allemand, l'anglais, le français et le danois. Il pouvait donc lire les papiers de Tisza en français, d'autant plus que Lifshitz, à qui il demandait souvent de lire les articles à sa place, ne savait pas le français. En ce qui concerne votre seconde question, j'en doute parce que j'étais présent à l'hopital pratiquement tout le temps où il reprit conscience (le premier mot qu'il prononça fut mon nom) mais je n'ai pas entendu un seul mot de français (mon français est loin d'être bon, mais suffisant pour le distinguer de l'anglais).

Sincèrement vôtre.
Alex Abrikosov[31]

Touchant d'émotion, de la part d'un élève confit d'admiration à l'égard d'un maître qui avait pourtant tenté de détruire sa propre théorie de la pénétration d'un champ magnétique dans un supraconducteur alors qu'il avait raison contre lui et devait même obtenir le prix Nobel pour cela en 2003. Mais Abrikosov m'a donné l'explication la plus vraisemblable en indiquant que Landau utilisait les services de Lifshitz pour lire la littérature scientifique. E. M. Lifshitz allait être le coauteur avec Landau d'une série de livres de physique que des générations de physiciens utilisent encore aujourd'hui dans le monde entier. Lifshitz a-t-il omis de communiquer les travaux détaillés de Tisza à son maître Landau ? Quoi qu'il en soit, l'influence de Landau allait devenir immense, et si Landau le disait, ce ne pouvait qu'être vrai : la superfluidité avait été découverte par Kapitza tout seul et sa théorie ne devait rien à Tisza.

Ni à Tisza ni à London non plus. Or Landau était parfaitement au courant du travail de London. Il connaissait London qui était passé en URSS quelques années auparavant. Fritz

31. « *Dear Dr. Balibar, Landau was very able to languages. He knew German, English, French and Danish. Therefore he could read Tiszas papers in French, the more so, that Lifshitz, whom he often ordered to read papers, instead of doing that himself, didn't know French. What concerns your second question, I doubt it, since I was present in the hospital practically all the time of his regaining consciousness (the first word he pronounced was my name) but I haven't heard a single word in French (my French is far from good but sufficient for distinguishing it from English). Sincerely yours. Alex Abrikosov* ».

London avait aussi un frère, Heinz, avec qui il publiait. Or Landau citait ce frère lorsque, arrivant aux formules mathématiques qui décrivaient l'effet fontaine, il écrivait : « Les formules 6.1 et 6.4 avaient déjà été déduites par H. London… à partir des idées de Tisza[32]. »

C'est donc bien délibérément que Landau a ignoré Fritz London.

Comment cela était-il possible ?

Landau reprochait à London de mentionner la condensation de Bose-Einstein. Dans toute son œuvre sur le sujet, Landau omet systématiquement d'y faire référence. J'ai longtemps pensé que Landau se refusait à considérer qu'une propriété prévue par Einstein pour un gaz parfait puisse s'appliquer à un liquide. Dans un gaz parfait, par définition, les atomes sont totalement indépendants les uns des autres, ils n'interagissent pas entre eux. Au contraire, dans un liquide qui est dense, les atomes sont tout près les uns des autres, donc en interaction forte. D'ailleurs, l'extension de la notion de condensation de Bose d'abord à un gaz avec de faibles interactions entre atomes n'allait être résolue qu'en 1947 (par un autre Russe, Bogoliubov) puis sa généralisation à un liquide prendre une autre dizaine d'années à Penrose et Onsager. De fait, comme le dit Tony Leggett, prix Nobel 2003 en même temps que Abrikosov, il n'est pas évident qu'on puisse passer continûment de la condensation de Bose-Einstein d'un liquide à celle d'un gaz où elle a été découverte et assurément démontrée en 1995. Le lien entre superfluidité et condensation de Bose-Einstein proposé par Fritz London n'a, en fait, pas fini de faire réfléchir, et, par exemple, mon collègue Yves Pomeau considère toujours que ce sont deux

---

32. « *The formulae 6.1 and 6.4 were deduced already by H. London, (Proceedings Royal Society, 1939), starting from Tisza's ideas.* »

phénomènes différents qui ne sont pas nécessairement liés entre eux[33].

À l'origine de l'injustice faite à London par Landau, je pensais qu'il devait donc y avoir une raison scientifique, bien qu'il soit de notoriété publique que Landau ne s'embarrassait pas de scrupules lorsqu'il exposait sa façon de concevoir la physique. Je fus surpris d'apprendre de Lev Pitaevskii que la raison était bien scientifique mais légèrement différente de celle que j'avais d'abord imaginée. Lev Pitaevskii était le vingt-cinquième élève de Landau, lequel recrutait ses élèves après examen sévère, puis notait leurs noms à la main dans un grand cahier. Ainsi, Evgueny Lifshitz était le numéro 2, Tisza le numéro 5, Abrikosov le numéro 12, Pitaevskii le numéro 25, Sasha Andreev, avec qui je devais animer quinze ans de polémique sur les cristaux d'hélium, le numéro 32. Comme Lifshitz, Lev Pitaevskii a joué un rôle prépondérant dans l'écriture de la série de livres qui ont marqué la physique du XXe siècle. Il a aussi écrit un article fort intéressant où il raconte les circonstances qui ont présidé à la publication de l'article de Landau en 1941[34].

Lors de l'effondrement du régime soviétique, Abrikosov émigra à Argonne aux États-Unis, mais Pitaevskii préféra Trente, en Italie. J'eus donc une autre occasion d'éclaircir mon mystère pendant une conférence organisée à Trente, et je demandai à Pitaevskii pourquoi, à son avis, Landau s'était tant obstiné à nier tout lien entre superfluidité et condensation de Bose-Eisntein, donc refusé à citer London. Pitaevskii

33. Voir à ce sujet notre échange de courriers dans le *Bulletin de la Société française de physique*, n° 129, p. 18-19, 2001, qui prouve aussi que les controverses scientifiques ne gâchent pas forcément l'amitié.

34. Lev Pitaevskii, « 50 years of Landau's theory of superfluidity », *J. Low Temp. Phys.*, 87, 127, 1992.

m'a aidé à remonter à l'époque où l'on ne comprenait pas bien ce que pouvait être la supraconductivité elle-même. D'après Pitaevskii, Landau était persuadé que la superfluidité et la supraconductivité étaient un même phénomène. Pourquoi ? Comment ? Mystère, mais le raisonnement d'Einstein s'appliquait aux particules dites « bosons » parce que leurs propriétés statistiques sont régies par les lois de Bose, alors que, dans les métaux devenant supraconducteurs, les électrons appartiennent à la classe opposée, celle des « fermions » régis par la statistique de Fermi-Dirac. Donc, d'après Landau, puisque l'hélium et les supraconducteurs montraient la même propriété alors qu'ils sont constitués de particules obéissant à des lois statistiques opposées, ni la superfluidité ni la supraconductivité ne devaient être liées à des questions de statistique quantique. C'était donc trop tôt pour Landau ! Il lui manquait la théorie de la supraconductivité, établie à partir des travaux de London. En 1957, Bardeen, Cooper et Schrieffer, tous évidemment prix Nobel, comprirent que les électrons, en s'associant par paires devenaient des bosons et subissaient la condensation de Bose-Einstein.

On comprend aussi pourquoi, entre les partisans de London et ceux de Landau, la polémique se fixa au sortir de la guerre sur la question de savoir si l'isotope léger de l'hélium, l'hélium 3 était superfluide ou pas. En effet, l'atome d'hélium 3 contient un neutron de moins que l'hélium 4 et est donc un fermion. Si London avait raison, l'hélium 3 liquide ne devait pas être superfluide, au moins à des températures comparables. C'est bien ce que D. W. Osborne, B. Weinstock et B. Abraham découvrirent en 1949 aux laboratoires nationaux d'Argonne aux États-Unis, dès que l'on y disposa de quantités d'hélium 3 suffisantes pour faire l'expérience (cet hélium 3 était un sous-produit de l'étude du tritium aux fins de construction de la bombe H). Ni London ni Tisza ne cachèrent leur joie. Plus tard, en 1973, David Lee, Douglas Osheroff et Bob Richardson découvrirent que les atomes d'hélium 3 pouvaient s'apparier, comme les électrons des supraconducteurs, obéir ainsi aux lois statistiques de Bose, et permettre la superfluidité de l'hélium 3 liquide, mais à des températures mille fois plus basses. Quant à Landau, il devait avoir raison lui aussi, mais sur d'autres aspects de la superfluidité, par exemple l'explication de la vitesse maximale à laquelle un superfluide peut couler, ou encore la description en termes de « quasi-particules » de la thermodynamique d'un superfluide à température non nulle.

En 1954, London mourut prématurément d'une crise cardiaque. Un prix fut fondé à sa mémoire et, en 1960, le jury chargé de trouver un lauréat choisit… Landau. Je fus un peu surpris lorsque je découvris cela[35]. L'opposition entre les deux hommes était radicale, qu'il s'agisse de leurs idées en physique ou de leur comportement humain. Mais, à bien y réfléchir, je crois tout de même que Landau devait avoir un certain respect pour son adversaire. Il ne voulait simplement pas citer un travail dont il n'admettait pas l'hypothèse

---

35. Ce prix prestigieux, allait récompenser John Bardeen un peu plus tard, ainsi qu'Abrikosov, Leggett et plusieurs autres prix Nobel, mais aussi des physiciens moins connus… dont moi-même au moment où je terminais l'écriture de ce livre. John Bardeen eut un premier prix Nobel pour l'invention du transistor, puis un second pour la théorie de la supraconductivité. Ce jour-là, il considéra que sa dette à l'égard de Fritz London était telle qu'il fit don d'une partie de l'argent de son prix à une fondation qui permet aujourd'hui aux lauréats du prix London de recevoir un chèque. Ayant reçu ce prix moi-même, il ne m'est évidemment plus possible de m'étonner des choix de son jury. Dans un message électronique de juin 2005, Laszlo Tisza m'a appris qu'il avait lui-même proposé Landau pour le prix London : décidément, ce grand homme ne connaissait pas la rancune.

centrale. S'il n'était pas mort prématurément, London aurait peut-être partagé le prix Nobel avec Landau, d'autant qu'Einstein lui-même avait proposé London pour cette récompense suprême. London aurait bien mérité un Nobel de chimie aussi. Quoi qu'il en soit, en ce qui concerne Jack Allen, je crois vraiment qu'il y a là une injustice flagrante pour laquelle je ne vois qu'une seule explication : le prestige de Landau était tel que, s'il le disait, ce ne pouvait qu'être vrai, la superfluidité avait été découverte par celui qui avait inventé le mot pour la qualifier, Kapitza et lui seul. Quant à Tisza, en conclusion d'une conférence prononcée pour le centenaire de la Société hongroise de physique en 1991, il écrivit :

« S'il y a une leçon de l'histoire, c'est que l'attitude du "gagnant qui ramasse toute la mise" nous prive du plaisir d'être l'héritier de traditions différentes, même si l'on évite l'intolérance[36]. » En somme, London et Allen ont souffert d'une tendance générale à ne retenir qu'un seul vainqueur des grandes batailles historiques de la science ; quant à Tisza lui-même, il s'est retrouvé coincé entre deux conceptions de la superfluidité qui ont mis des décennies à se réunir.

Ainsi progresse pourtant la science, avec ses ruptures conceptuelles, l'invention de ses mots, ses auteurs multiples, et quelques polémiques. Aujourd'hui, c'est à l'hélium liquide que sont refroidies toutes les installations d'imagerie médicale par résonance magnétique nucléaire (les « scanners IRM » des hôpitaux) et le CERN construit un gigantesque anneau de 27 km d'hélium superfluide pour y plonger les aimants de son nouvel accélérateur de particules.

---

36. « *If history has a lesson, it is that the "winner takes all" attitude deprives one of the pleasure of being the heir to the best of different traditions, even while avoiding their intolerance against each other.* »

7

Cristaux et verres

« J'aurais cru que c'était plus impressionnant ! » Telle fut la réaction de mon père lorsque, jeune directeur de recherches, je le fis entrer dans mon laboratoire.

C'était un soir et j'avais pris soin de pousser la porte sans allumer tout de suite les néons du plafond. Le laser sur sa table d'optique transperçait mon cryostat de son rayon rouge, l'électronique de contrôle affichait voyants orange et cadrans verts, une caméra transmettait à un écran l'image de ce que je pensais être les meilleurs cristaux du monde, en tout cas les plus froids et les plus purs, des cristaux hexagonaux d'hélium. Et puis mes pompes ronronnaient et mes cahiers d'expérience, étalés devant cet arbre de Noël multicolore, témoignaient de mon travail acharné. Contrairement au jour où le parti communiste m'avait demandé de présenter de la science à la fête de l'Huma, tout était vrai dans ce laboratoire. Même la tête de mon cryostat exhalait des vapeurs froides. Mais il faut croire que la réalité n'était pas à la hauteur de ce qu'un excès d'amour pour son fils avait fait imaginer à mon père.

Transfert d'hélium liquide, rue Lhomond, 2004 (photo Th. Bouet).

En novembre 1986, je lui écrivis au dos de l'une des photographies dont *Physics Today*, le mensuel de la Société américaine de physique, allait faire sa une : « Cette photo est l'un des symboles possibles de dix ans de ma vie... » et cette carte trôna une autre dizaine d'années sur sa cheminée. Mais pourquoi me suis-je acharné si longtemps sur l'étude de ces cristaux ?

J'ai toujours aimé les questions simples. Cette fois, c'était : « Pourquoi les cristaux ont-ils des facettes ? » Et si cela m'a demandé quinze ans d'efforts, malgré l'aide précieuse de

Avec la permission de Physics Today, *copyright 1987, American Institute of Physics.*

plusieurs étudiants particulièrement brillants, c'est sans doute parce que la question était un peu difficile pour nous.

Regardez du sel à la loupe, vous verrez que les petits cristaux sont cubiques. Le sucre candi a lui aussi des formes polyédriques régulières délimitées par de petites facettes symétriques. Quant aux cristaux de quartz, regardez-les bien chez un marchand de minéraux, ou, mieux, allez visiter l'éblouissante collection de minéralogie de l'université Paris-VI à Jussieu ! Les cristaux de quartz sont des aiguilles polyédriques dont le corps prismatique et la pointe sont hexagonaux. Ces symétries, cubique pour le sel, hexagonale pour le quartz, sont révélatrices de la structure interne des cristaux : les molécules y sont arrangées d'une manière qui présente les mêmes symétries que la forme globale, ainsi que l'expliquèrent l'abbé Haüy, puis Auguste Bravais et enfin Pierre Curie au cours du XIXe siècle[37]. Cette correspondance des symétries est tellement précise que les cristaux de quartz, dont les molécules de silice sont arrangées avec une symétrie qui n'est pas exactement hexagonale, ont une forme qui ne l'est pas tout à fait non plus, les facettes étant associées en deux groupes de trois.

L'existence de ces facettes à la surface des cristaux est tellement fréquente qu'on a tendance à la prendre comme définition de l'état cristallin lui-même. Et pourtant la forme de certains cristaux, je veux dire la forme naturelle, brute de croissance, sans polissage, est parfaitement arrondie dans toutes les directions, alors que leurs atomes constitutifs sont bien régulièrement arrangés aux nœuds d'un réseau régulier qui est la répétition périodique d'un motif élémentaire (cette fois, c'est la bonne définition). C'est bien ce que nous avions découvert en 1980 : nos cristaux d'hélium étaient arrondis à chaud mais plus nous les refroidissions, plus ils se couvraient de petites surfaces planes, de facettes. Et nous voulions comprendre pourquoi.

À propos, toute la matière solide est-elle cristalline ? Non. Comme un liquide, un solide c'est de la matière dense, pas diluée comme un gaz. Mais les solides et les liquides ont des propriétés mécaniques différentes. En effet, soumis à un effort de cisaillement, un solide résiste : si je pousse le haut vers la droite pendant que je tire le bas vers la gauche, le

---

37. Pierre Curie énonça ainsi son principe de symétrie : « Lorsque certaines causes produisent certains effets, les éléments de symétrie des causes doivent se retrouver dans les effets produits. [...] Lorsque certains effets révèlent une certaine dissymétrie, cette dissymétrie doit se retrouver dans les causes qui lui ont donné naissance. » *In Journal de Physique*, 3e série, t. II, 1894.

solide se déforme un peu mais, si je relâche cette contrainte, il revient élastiquement à sa forme première. Il y a des solides durs comme, disons, un morceau de fer à température ordinaire, et des solides mous comme, cela vous surprendra peut-être mais je vais préciser immédiatement ce que je veux dire, un flan ou une mousse de savon.

Soufflez sur un agrégat de bulles de savon et vous verrez bien qu'il est élastique, secouez légèrement un flan, c'est la même chose. Au contraire, un liquide coule si on le cisaille : mettez de l'huile entre deux plaques puis déplacez une plaque par rapport à l'autre, l'huile coule et ne ramènera pas les plaques à leur position initiale quand vous les lâcherez. Attention cependant ! Si l'on exerce une contrainte trop forte sur un solide, et il suffit de pas grand-chose pour une mousse ou un flan, il devient « plastique » comme on dit, c'est-à-dire qu'il se déforme lui aussi de manière irréversible, il ne revient pas à sa forme initiale quand on relâche cette contrainte ; donc *le caractère solide ou liquide d'un matériau n'est pas une propriété intrinsèque*, il dépend de la force appliquée ; d'ailleurs ce n'est pas réservé aux flans et mousses dont nous savons bien qu'il est facile de les faire couler, un métal aussi peut couler sans fondre ; c'est ainsi qu'on fabrique des fils de fer en forçant le passage du métal à travers un trou (on l'« extrude »).

Revenons à notre question : tous les solides sont-ils cristallins ? En évoquant les flans et les mousses, j'ai déjà donné la réponse, elle est négative. Quels que soient leurs constituants, les flans et mousses ne sont pas des arrangements réguliers périodiques. Parmi ces solides non cristallins, il convient d'inclure les verres, qui méritent plus d'une remarque. Si je tords une plaque de verre, elle résiste comme un solide, elle casse éventuellement, mais elle ne coule pas comme un liquide. Pourtant, un verre n'est pas un cristal, c'est une sorte de liquide figé dont les atomes ou molécules sont distribués de manière désordonnée dans l'espace. Il ressemble aux gels tels que flans ou yogourts, en plus dur.

Maintenant, le mot « verre » et le mot « cristal » ont chacun deux sens différents, l'un commun et l'autre scientifique ; on peut donc facilement s'y perdre. Un verre est à la fois un objet qui permet de boire et un matériau dont le désordre m'intéresse.

Cela me rappelle le coup de téléphone que je reçus un jour d'une journaliste d'*Astrapi*, le magazine pour enfants. Elle se posait des questions sur différents sons de la vie quotidienne et l'association Science Contact lui avait suggéré de m'appeler.

– Pourquoi les verres en cristal sonnent-ils différemment des verres ordinaires ? me demanda-t-elle.

Les questions de ce genre sont parfois délicates et je fus content de trouver rapidement une réponse vraisemblable. C'est une question de vibration dont la fréquence est plus aiguë si le matériau est plus rigide. Lorsqu'on trinque, le choc des verres l'un contre l'autre excite une oscillation résonnante de la forme du verre : le bord supérieur, circulaire au départ, devient légèrement allongé pour s'aplatir ensuite, s'allonger à nouveau, etc. Avec une caméra rapide, on peut enregistrer la décomposition de ce mouvement. Si c'est un verre à pied et qu'on le tient par ce pied pour ne pas empêcher la vibration du haut, le son est joli parce que la vibration n'est pas amortie, elle dure longtemps. Le matériau des verres « en cristal » étant plus rigide, cette résonance est plus aiguë, de même que la corde d'un violon sonne plus haut si on la tend davantage ce qui la rend plus raide.

– Mais ces verres en cristal, ils sont en verre ou en cristal ?

Les verres qu'on dit « en cristal » sont bien faits de verre, c'est-à-dire d'un matériau solide désordonné. Le « cristal » au sens ordinaire est simplement un verre chargé d'oxyde de plomb qui le rend plus dense, plus lourd aussi, le son s'y propage plus vite que dans du verre ordinaire et il sonne donc plus aigu. Pour moi, physicien, l'expression « verre en cristal » est familière mais contradictoire dans ses termes mêmes[38]. Heureusement, cela ne m'empêche pas d'aimer y verser un grand bourgogne, par exemple un Vosne Romanée qui sent la violette. Je tiens toujours mon verre par le pied, afin de bien entendre la longueur du son, qui accompagne la longueur du goût[39].

La physique des verres, au sens scientifique du terme cette fois, est l'un des domaines les plus actifs de ma discipline, comme plus généralement celle des systèmes désordonnés. Elle mérite qu'on s'y arrête longuement. On reviendra aux cristaux ensuite. Pour simplifier, disons qu'un verre est un liquide qu'on a refroidi suffisamment vite pour qu'il n'ait pas le temps de cristalliser. On fabrique par exemple du verre à vitre en trempant brutalement de la silice fondue, c'est-à-dire de l'oxyde de silicium à l'état liquide. Si on lui en avait

38. Le mot cristal vient du grec *krustallos*, qui signifie morceau de glace (on y retrouve la racine commune à cryogénie, technologie du froid). Par extension, il désigna les « cristaux de roche », c'est-à-dire les quartz, pierres semi-précieuses.

39. Je me souviens aussi que j'avais choqué de nombreux flûtistes en écrivant dans un article sur l'acoustique de la flûte (*La Recherche*, 118, 36, 1981) que le son était lié à la forme du tuyau, pas à son matériau. Dans son livre, le grand Jean-Pierre Rampal écrivait qu'on entendait le bois des flûtes baroques et que le son d'une flûte en or était évidemment meilleur que celui d'une flûte en argent. Mais la forme des flûtes baroques en bois n'a rien à voir avec celle des flûtes métalliques modernes. De plus, le flûtiste a les deux mains sur son instrument, dont seul l'air intérieur vibre, pas le corps solide.

laissé le temps, elle aurait cristallisé sous forme de quartz. Mais en la versant sur un bain d'eau froide qui coule à grande vitesse, on aboutit au verre qui nous est familier.

Pourquoi cette silice ne cristallise-t-elle pas ? La cristallisation exige que les molécules aient le temps de s'ordonner dans l'espace et ce temps peut être long pour deux raisons qui se conjuguent souvent. D'une part, le liquide peut être très visqueux mais, d'autre part, la configuration périodique peut ne pas être sensiblement plus stable que les autres, auquel cas tout se passe comme si le système hésitait à adopter une configuration périodique dont il ne sent pas fortement qu'elle optimise son énergie. Cette situation est particulièrement intéressante et on la rencontre lorsque la matière est le siège de forces contradictoires. Les physiciens, qui aiment bien les métaphores, parlent de « frustration », évoquant ainsi les conflits de la vie courante.

Imaginons un groupe de gens de deux couleurs différentes, une moitié de gens rouges et une moitié de bleus. Supposons qu'ils aient envie de se regrouper mais que chaque personne préfère être à côté de quelqu'un de couleur opposée ; cela pourrait être un groupe d'hommes et de femmes qui préfèrent le sexe opposé, si vous préférez. Supposons maintenant qu'on demande à ces gens de se répartir par quatre autour de tables carrées : ils trouveront facilement une solution qui satisfera tout le monde, avec deux bleus et deux rouges par tables, disposés alternativement. On peut généraliser à un grand réseau carré, où l'on ne veut pas deux cases de même couleur côte à côte, et quiconque a déjà vu un échiquier sait qu'il y a une solution simple à ce problème de voisinage. Mais essayez de colorier en bleu et rouge un réseau hexagonal, un nid d'abeilles, vous verrez qu'il est impossible d'éviter que des hexagones d'une couleur aient des voisins de la même couleur. Donc, pour reprendre la métaphore des gens, on va faire des mécontents, il y aura des gens satisfaits et des gens insatisfaits, une certaine frustration générale. Le groupe de gens aura de multiples configurations possibles dont aucune ne sera vraiment satisfaisante. Cette situation, où des tendances contradictoires aboutissent à une multiplicité de configurations possibles, donc à une grande difficulté, pour l'ensemble, à trouver une configuration meilleure que les nombreuses autres, est typique des verres.

De plus, cette situation a une conséquence très intéressante : les verres vieillissent, ils ont une histoire, contrairement aux cristaux ordonnés qui n'en ont pas. Lorsqu'on refroidit un liquide dont les constituants ont des tendances contradictoires et qu'il se fige sous forme de verre, il se retrouve dans un état qui n'est généralement pas celui de plus basse énergie, donc l'état d'équilibre. Comme sa température n'est tout de même pas nulle lorsqu'il se fige, il reste une certaine agitation thermique et donc, avec une certaine lenteur, il continue à évoluer à la recherche de cet état d'équilibre qui optimiserait son énergie. À cause de ses contradictions internes, un verre ne cesse d'évoluer. Au contraire, les cristaux sont des configurations stables de la matière qui n'ont pas de raison d'évoluer vers un état plus stable, ils l'ont atteint. Au passage, j'ai insinué que le verre est en mouvement même si ce mouvement est très lent. J'ai suggéré ainsi qu'un verre est un solide si on le regarde brièvement, mais un liquide si on l'observe longtemps. La différence entre un solide et un liquide dépend donc non seulement de la force appliquée mais aussi du temps de l'observation. Compliqué ? Certes, mais surprenant, donc intéressant.

Certains physiciens filent la métaphore de la frustration encore plus loin, et citent Hegel : « Les peuples heureux n'ont pas d'histoire » ; sous-entendu : les verres frustrés en ont une. On peut le dire et je suis moi-même tenté d'étendre à de tout autres domaines cette affaire de mouvement que la contradiction induit. Ainsi, lorsque le peintre François Rouan parle de « beauté dégueulasse », c'est pour illustrer d'une phrase choc son sentiment qu'en peinture, la contradiction, la « butée » comme il dit, peut générer un mouvement, une dimension temporelle de l'œuvre. Selon qu'on regarde dans un tableau un élément de sa construction ou un autre auquel il s'oppose, on ne voit pas la même chose. À force de le regarder, notre regard évolue mais on peut avoir l'impression que c'est le tableau qui change. Si par ailleurs je trouve plus de charme à la recherche qu'à l'enseignement, c'est aussi parce que le chercheur, butant sur l'inconnu, est forcé au mouvement des idées alors que l'enseignant a tendance à se limiter à ce qui semble établi, cohérent donc figé. Je suis néanmoins conscient que l'enseignant a de bonnes raisons pédagogiques pour adopter cette attitude.

Revenons enfin à mes cristaux. Contrairement aux verres, ce sont donc des systèmes ordonnés, périodiques dans l'espace. Dans notre laboratoire, nous avons montré que leur forme de polyèdres facettés est une conséquence de cet ordre et que, si cette forme change avec la température, c'est parce qu'elle dépend de l'agitation de la matière. Lorsque nos cristaux étaient suffisamment chauds, leur forme était complètement arrondie, comme celle d'une goutte liquide.

La forme dont je parle est toujours la forme brute de croissance, celle des cristaux de sel que l'on obtient en laissant s'évaporer de l'eau salée dans une casserole, ou celle des minéraux que l'on trouve dans la nature, pas celle que l'on peut obtenir par polissage (la forme des pierres précieuses transformées en bijoux par exemple). Donc la forme des cristaux est faite de facettes régulièrement disposées à leur

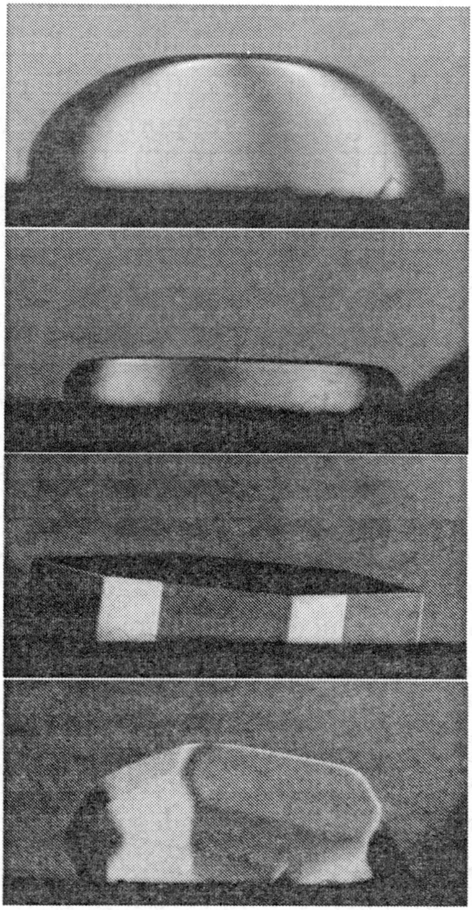

Plus ils sont froids, plus les cristaux d'hélium sont facettés.

surface et, plus la température est froide, plus les cristaux sont facettés, je veux dire plus leur surface est couverte de petites régions planes dans des directions de plus en plus nombreuses.

Les quatre photographies que je montre ici représentent des cristaux d'hélium à des températures de plus en plus basses : de haut en bas 1,4 kelvin puis 1 kelvin, 0,4 kelvin et 0,1 kelvin. On se souvient que le kelvin est l'unité de l'échelle absolue de température et que cette échelle est simplement décalée de 273,15 degrés par rapport à celle de nos degrés Celsius habituels (0 K = – 273,15 °C). Un kelvin c'est donc très froid, mais les atomes d'hélium ne s'attirent les uns les autres que très faiblement, leur énergie d'interaction est très faible ; en conséquence, même aux environs de 1 K les propriétés de l'hélium dépendent encore de la température ; c'est comme un objet très léger que la Terre attire faiblement, le moindre souffle suffit à le déplacer. La photographie du haut montre donc un cristal complètement arrondi ; on pourrait croire que c'est une goutte liquide. C'est pourtant un cristal d'hélium, un arrangement hexagonal d'atomes puisque en le refroidissant on a observé sa forme s'aplatir sur le dessus, puis devenir un prisme hexagonal avec six facettes latérales autour d'une facette hexagonale supérieure, et enfin six autres facettes apparaître, inclinées d'environ 60 ° et qui coupent les arêtes du prisme précédent.

Ce n'est pas nous qui avons découvert l'hélium solide, c'est Willem Keesom, à Leyde en 1926. Mais il fit des mesures pour cela, il ne vit rien : à travers les parois de son cryostat en verre « [...] *There was nothing peculiar to be seen.* » Il n'y avait rien de particulier à voir, écrivit-il. Il faut dire que les cristaux d'hélium sont particulièrement transparents et qu'à l'œil nu, on distingue aussi difficilement leur surface que si l'on regarde celle d'un glaçon immergé dans l'eau pure. Lorsqu'avec Étienne Rolley et Claude Guthmann nous avons réussi à prendre ces clichés en couleurs, nous avons donc eu l'impression de faire un peu mieux que Keesom mais c'était la moindre des choses, soixante ans plus tard. En fait nous avions été étonnés que notre méthode d'imagerie soit aussi bonne. Elle consistait à éclairer nos cristaux avec de la lumière dispersée par un prisme, une sorte d'arc-en-ciel, puis à jouer avec un petit masque noir au point focal de la lentille qui faisait l'image sur notre caméra ; chaque couple de facettes constituait un petit prisme d'hélium qui apparaissait d'une couleur différente. Mais nous n'avions pas pensé à cette méthode tout seuls, elle nous avait été suggérée par un ingénieur ami de Pierre Gilles de Gennes, Leonard Tanner, qui profitait de sa retraite pour photographier des gouttes d'eau en rotation dans son garage, à Bristol. Je crois que le succès de nos travaux doit au moins autant à ces images qu'à leur contenu scientifique rigoureux.

C'est bien nous, en revanche, qui avons découvert que les cristaux d'hélium avaient un nombre variable de facettes, mais nous n'avons pas été les seuls : nous étions en concurrence avec au moins deux autres équipes : celle de Konstantin Keshishev et Alexandr Parshin à Moscou et celle de Jud Landau et Steve Lipson à Haïfa. Chacun avait ses méthodes expérimentales et ses idées théoriques. La période 1978-1994 fut animée, non seulement parce que chaque conférence nous donnait l'occasion de savoir qui progressait plus vite que les autres, mais parce qu'il s'agissait aussi de savoir d'une part si on observait les mêmes phénomènes et d'autre part si on les interprétait de la même manière. En 2004, la concurrence entre moi et mes collègues russes s'étant transformée en collaboration grâce à des Finlandais chez qui nous nous retrouvions autour d'appareils plus performants que les nôtres, j'ai scellé mon entente définitivement cordiale avec Alexandr Parshin en cosignant avec lui un très gros article de revue[40].

40. S. Balibar, H. Alles et A. Ya. Parshin, « The surface of helium crystals », *Rev. Mod. Phys.*, 77, 317, 2005.

L'une des questions qui aura sûrement mis le plus longtemps à être tranchée était de savoir si l'apparition des facettes était seulement liée à la diminution de l'agitation thermique ou si les propriétés quantiques de l'hélium jouaient un rôle. Cette question est beaucoup trop vaste pour ce livre. Mais sentir pourquoi l'agitation thermique a des conséquences sur la forme des cristaux n'est pas très difficile.

Lorsqu'on regarde une facette cristalline avec un microscope à effet tunnel, la petite merveille inventée par Gerd Binnig et Heinrich Rohrer à Zurich et qui leur valut le prix Nobel en 1986, on trouve que la surface est plane, avec des atomes bien rangés les uns à côté des autres : le cristal est un empilement régulier de couches d'atomes dont la facette est la dernière couche. J'imagine que tout le monde a déjà regardé un étalage de fruits : les marchands arrangent généralement leurs oranges en tas réguliers, au moins celles qui sont bien calibrées pour le permettre, mais précisément, les atomes d'une même espèce ont tous exactement la même taille ; à leur échelle, les tas d'oranges sont des cristaux et ils se terminent par une dernière couche bien plane. Le matin, avant que le premier client n'arrive, cette dernière couche d'oranges est pleine, le marchand n'en a encore soustrait aucun fruit pour le vendre, la surface du tas est plane, même si elle est penchée.

Mais pourquoi la température change-t-elle quelque chose à cet ordre de surface ? La matière est agitée de fluctuations dont la température est une mesure. Plus un corps est chaud, plus son agitation interne est grande. Tant que la température d'un cristal est basse, la dernière couche d'atomes est plane, mais si l'agitation augmente, il arrive ce qui arriverait au tas d'oranges si on le secouait : certaines oranges sauteraient, à la surface du tas, d'un site à l'autre, créant des trous et des bosses dans le bel arrangement de départ. La surface du cristal devient désordonnée lorsque la température augmente, ce n'est plus un plan du réseau cristallin, et la facette disparaît de la forme. Pour qualifier cet état désordonné de la surface, les physiciens disent qu'elle est « rugueuse », une jolie traduction de l'anglais où l'on dit de la surface de la mer, lorsque le vent souffle fort, qu'elle est « *rough* ». J'aime bien cette intrusion métaphorique de la mer dans la physique de l'état cristallin.

Pourquoi enfin être allé chercher l'hélium pour étudier cela ? Pour le plaisir de travailler aux confins du zéro absolu, d'avoir à observer ces cristaux à travers de multiples fenêtres dont chaque joint était susceptible de fuir, pour charrier d'innombrables bidons d'azote et d'hélium liquide à longueur d'années ? Atteindre la fraction de kelvin et entretenir une telle température, combiner optique, électronique et cryogénie, faire des mesures sans réchauffer l'ensemble dans une cave dont le sol ne vibrait pas trop au passage des camions dans la rue, tout cela n'était pas facile et nous a pris de nombreuses années. Si j'ai choisi l'hélium, ce n'est pas par amour de la difficulté mais parce qu'il fournit des situations modèles pour l'étude des propriétés générales de la matière.

Comme l'hélium est le plus petit des gaz rares, ses atomes s'attirent entre eux moins intensément que tous les autres. Cette quasi-absence d'interactions a comme conséquence qu'il faut refroidir énormément l'hélium, arrêter ainsi presque toute agitation thermique, si l'on veut que ses atomes préfèrent se regrouper sous forme d'un liquide, *a fortiori* d'un solide, plutôt que rester dilués un par un à l'état gazeux. Pour purifier l'hélium liquide, il suffit donc de le filtrer à froid : tout le reste de la matière est gelé à de telles températures, donc aisément séparable. Le plus pur, le plus inerte, le plus simple des éléments, voilà résumées les principales qualités de l'hélium qui en font un système modèle. Il y a des facettes sur tous les cristaux, mais, dans l'hélium, on contrôle mieux les paramètres dont cela dépend. De plus, depuis les nombreuses décennies que la physique des basses températures se développe, on a aussi développé des méthodes de mesure particulièrement sensibles au voisinage du zéro absolu, qu'il s'agisse de thermomètres ou de sondes de pression par exemple.

Nous avons donc pu analyser les moindres détails de la façon dont les facettes apparaissent dans l'hélium, comparer ce qui se passe lorsqu'un cristal est au repos à ce qui lui arrive lorsqu'il est en croissance ou en fusion lente, exciter des déformations de la surface, aboutir à une comparaison rigoureuse avec les différentes théories en présence et finalement déterminer quelle était la bonne. Il faut ajouter que le problème théorique soulevé par la forme des cristaux était devenu un véritable défi dans les années 1970. On avait compris progressivement que les fluctuations de la surface étaient toutes couplées entre elles, puis qu'on ne pouvait pas traiter ce problème en ne considérant que la dernière couche d'atomes. Finalement, en Hollande et aux États-Unis, différents modèles théoriques avaient pu être résolus. Mais lorsqu'il s'est agi de comparer avec de vraies mesures, nos expériences ont déclenché un approfondissement de ces théories elles-mêmes.

Au bout de tous ces efforts, nous avons pu généraliser ce que nous avions appris au reste de la matière cristalline. Ainsi, par exemple, nous avons comparé l'hélium et le silicium, LE cristal support de l'électronique moderne ; nous y avons trouvé des comportements semblables pour des surfaces aux propriétés intrigantes, qui sont penchées et ressemblent à des escaliers atomiques. Et, à propos d'escaliers, lorsque Pawel Pieranski a découvert à Orsay que certains cristaux liquides, pas ceux dont on fait les cadrans de montres mais d'autres, cubiques, faits d'un incroyable entrelacs de membranes savonneuses, présentaient jusqu'à 60 types de facettes différentes à température ambiante, nous avons repris nos idées élaborées dans l'hélium avec Philippe Nozières ; après quelques mois de discussions, nous avons compris pourquoi ces cristaux liquides présentent des facettes groupées en « escaliers du diable », une métaphore qui signifie que cet escalier de facettes a un nombre infini de marches, de plus en plus étroites à mesure qu'on monte, et qu'il serait particulièrement difficile de gravir.

Je crois donc que l'hélium joue un rôle particulier en physique. D'ailleurs, nous n'aurions pas pu aborder plus tard l'étude de la cohésion interne de l'eau si nous n'avions pas d'abord mis au point, dans l'hélium liquide, une méthode acoustique d'étude de la cavitation.

L'hélium est pourtant l'un des absents d'un livre scientifique qui m'émeut depuis longtemps, *Le Système périodique* de Primo Levi. Ce livre commence ainsi :

« Argon.

Il y a, dans l'air que nous respirons, des gaz appelés inertes. Ils portent de curieux noms grecs d'étymologie savante, qui signifient le “Nouveau”, le “Caché”, l'“Inactif”, l'“Étranger”. Ils sont, en effet, tellement inertes, tellement satisfaits de leur condition, qu'ils n'interfèrent dans aucune réaction chimique, ne se combinent à aucun autre élément, et, pour cette raison justement, sont demeurés inobservés pendant des siècles : en 1962 seulement un chimiste de bonne volonté, après de longs et ingénieux efforts, réussit à contraindre l'“Étranger” (le xénon) à se combiner fugacement avec le très avide, le très vivace fluor, et l'exploit parut tellement extraordinaire qu'on lui conféra le prix Nobel. On les appelle aussi gaz nobles, et il conviendrait de se demander si tous les nobles sont vraiment inertes, et tous les inertes, nobles : on leur donne encore le nom de gaz rares bien que l'un d'entre eux, l'argon, l'inactif, soit présent dans l'air dans la proportion respectable de un pour cent, c'est-à-dire qu'il y est vingt ou trente fois plus abondant que l'anhydride carbonique, sans lequel il n'y aurait pas trace de vie sur cette planète.

Le peu que je sais de mes ancêtres me les fait rapprocher de ces gaz… »

Et Primo Levi décrit sa famille que l'antisémitisme tenait à l'écart du reste de la population du Piémont, avant de raconter sa vie de chimiste, sans un mot sur son passage au camp d'Auschwitz, horreur qu'il a décrite ailleurs. Ainsi, Primo Levi a cité tous les gaz rares sauf le plus petit d'entre eux, sans doute parce que son étymologie est moins poétique : l'hélium tient son nom du Soleil (*helios*) où il fut observé longtemps avant que l'on comprenne qu'il était présent sur Terre, où la désintégration de l'uranium en produit en permanence. Il n'empêche, c'est pour moi le Petit Poucet de la physique, un petit élément qui nous guide dans la jungle des propriétés de la matière.

8

Dieu, l'hélium et l'universalité

Je me souviens d'une discussion délicate avec Luc Ferry en 1999. Il présidait encore le Conseil national des programmes, au ministère de l'Éducation nationale. À peine nommé pour y représenter la physique, j'appris que Luc Ferry avait demandé à notre Conseil de rédiger un « manuel unique ». Il s'agissait de présenter d'une manière unifiée l'ensemble de toutes les connaissances accessibles aux élèves des collèges et lycées, rien de moins ! Cela devait « faire sens », reprenait en chœur le Conseil. On devait pouvoir présenter sous forme aussi condensée qu'organisée les « fondamentaux de la connaissance » qui devaient évidemment faire les délices des élèves comme de leurs professeurs. Cela devait tenir en 200 pages. Mais non, pas 50 000 !

Un peu interloqué (l'entreprise avait déjà commencé et on attendait ma contribution), je m'étais lancé dans une longue diatribe, expliquant d'abord que je ne voyais pas comment on allait unifier l'ensemble des connaissances alors que la physique elle-même n'était pas unifiée. Face à huit philosophes, j'avais osé ensuite contester l'idée même que l'ensemble des connaissances soit unifiable. Un tel *a priori* me semblait en effet relever d'une croyance à laquelle je me refusais d'adhérer : ce principe unificateur de toutes les connaissances pouvait-il être autre chose que Dieu lui-même ?

Avais-je découragé mes collègues ? La belle entreprise capota. J'aurais pourtant aimé discuter sereinement de ce problème d'*unité* qui me faisait penser au concept physique d'*universalité*.

Certes, je ne suis pas le seul à constater qu'on a réuni trois sur quatre seulement des forces fondamentales de la nature dans une théorie globale, le « modèle standard » des interactions. En effet, on a bien réussi, au cours du XXe siècle, à unifier l'électromagnétisme, plus précisément l'électrodynamique quantique, c'est-à-dire la théorie quantique de l'interaction entre matière chargée et lumière, avec l'interaction forte responsable de la cohésion des noyaux et avec l'interaction faible qui joue un rôle dans certaines désintégrations nucléaires. Mais cette théorie globale n'intègre pas l'interaction gravitationnelle, celle qui fait tomber les pommes et nous est donc la plus familière. L'unification de l'ensemble fut un défi pour le XXe siècle et le reste pour le XXIe.

De plus j'ai toujours pris comme une sorte d'impérialisme intellectuel contestable l'attitude de certains de mes collègues théoriciens qui considèrent que, si on réussissait à unifier la théorie des quatre interactions fondamentales de la matière, on aurait construit une théorie de tout, « *a theory of everything* », comme ils disent. En effet, cette expression laisse entendre que comprendre la nature peut se réduire à identifier les particules élémentaires et à déterminer leurs interactions.

Je ne crois évidemment pas que ce soit vrai.

Comprendre comment l'eau gèle, comment se déforme un morceau de fer sous contrainte ou quelles sont les fluctuations d'une atmosphère turbulente sont trois exemples de questions que je mets bien les hérauts de la « théorie de tout » au défi de résoudre en termes d'interactions fondamentales unifiées. Non, un ensemble de particules a des propriétés qui ne sont pas compréhensibles simplement à partir des propriétés de ces particules. Un groupe a des propriétés que des individus n'ont pas. Comprendre les propriétés des atomes ne suffit pas pour comprendre celles des pommes.

Pascal était plus subtil lorsqu'il disait : « Toutes choses [...] s'entretenant par un lien naturel, [...] je tiens pour impossible de connaître les parties sans connaître le tout, non plus que de connaître le tout sans connaître particulièrement les parties. » Mais si cette citation plaît à Edgar Morin au point de la mettre en exergue de son livre *Relier les connaissances* (Seuil, 1999), c'est sans doute qu'il y trouve un soutien à son fonds de commerce, le concept flou de complexité[41]. Je ne crois pas qu'il existe UNE théorie de LA complexité malgré ce qu'on lit parfois à ce sujet. Quant à certains phénomènes comme la turbulence, qui sont difficiles à comprendre parce que les petits tourbillons y sont couplés aux grands, je ne crois pas qu'en reconnaître la complexité aidera à en établir une théorie, ni que comprendre la nature des particules élémentaires et celle de leurs interactions aidera à calculer la traînée d'un bateau ou le déclenchement d'une tempête.

---

41. Edgar Morin cite aussi le jeune Marx qui alla jusqu'à prétendre dans ses manuscrits de 1844 que : « Les sciences de la nature embrasseront les sciences de l'homme, les sciences de l'homme embrasseront les sciences de la nature. » *No comment.*

Donc la physique est loin d'être unifiée.

Ce n'est pas pour autant un ensemble de connaissances hétéroclites. Tout d'abord parce qu'elle tire sa force d'une méthode scientifique rigoureuse commune à tous ses acteurs, et dont on considère généralement que Galilée fut l'inventeur bien qu'il ait eu des précurseurs dans le monde arabe : on observe, on élabore un modèle, on confronte ce modèle à de nouvelles observations, on modifie éventuellement le modèle, etc. Le trépied observation, modélisation, vérification des prédictions est l'armature de toute notre science.

Mais surtout, comme le dit Jacques Treiner[42], parce que la démarche de la physique consiste à « fabriquer du simple en recherchant de l'identique dans le divers ou, selon le mot de Jean Perrin, *en recherchant de l'invisible simple derrière le visible compliqué*. Et elle le trouve... ». La recherche de généralisations unificatrices, de la description de phénomènes divers dans un même cadre conceptuel, est une attitude de pensée fructueuse. De Maxwell à Einstein, l'histoire de la physique le prouve abondamment. Si j'ai moi-même étudié la forme des cristaux pendant si longtemps, c'est bien parce que je cherchais à identifier certaines lois universelles qui régissent les changements d'état dans la nature.

Dans une lettre à Marcel Grossmann datée de 1901, Einstein écrivait : « On éprouve un sentiment merveilleux à saisir l'unité d'un ensemble de phénomènes qui apparaissent à la perception sensorielle immédiate comme des choses complètement séparées. » Il avait vingt-deux ans. Était-ce donc pour le plaisir qu'il a tant cherché à unifier la

42. Texte introductif à la réforme des programmes de physique des lycées, 1999.

physique ? Sa découverte de la quantification de la lumière a bien été le résultat d'une telle démarche. En 1905, il fit paraître une série de cinq travaux théoriques qui allaient marquer le siècle. Dans l'un d'entre eux, il introduisit les « quanta de lumière », ce qu'on appelle aussi les « photons » (*Annalen der Physik*, 17, 132, 1905). Einstein y constatait la différence de traitement que les physiciens réservaient aux ondes et à la matière : « Selon la théorie de Maxwell, l'énergie doit être conçue, pour tous les phénomènes purement électromagnétiques, et donc également pour la lumière, comme une fonction continue de l'espace, alors que l'énergie d'un corps pondérable doit, selon la conception actuelle des physiciens, être décrite comme une somme portant sur les atomes et les électrons. L'énergie d'un corps pondérable ne peut être divisée en parties aussi nombreuses et aussi petites que l'on veut, alors que l'énergie de la radiation lumineuse émise par une source de lumière ponctuelle est, selon la théorie de Maxwell de la lumière, distribuée de façon continue sur un volume sans cesse croissant[43]. » Einstein a appliqué à la lumière un calcul habituellement réservé à un gaz de particules et fait ainsi émerger un nombre. Il s'agissait de l'énergie du rayonnement divisée par sa fréquence et par la constante de Planck. Il a ensuite interprété ce rapport comme le nombre de quanta, le nombre de grains de lumière si vous préférez. Dans sa conclusion, il a enfin proposé qu'on étudie l'effet photoélectrique (l'émission d'électrons par un métal sous l'effet d'un rayonnement lumineux incident) pour

---

43. Albert Einstein, *Œuvres choisies*, tome 1, *Quanta*, textes choisis et présentés par F. Balibar, O. Darrigol et B. Jech, traduits de l'allemand par F. Balibar, E. Costadura, B. Jech, J.-P. Mathieu, M. Netzer, D. Pradelle, et le groupe de traduction de l'ENS Fontenay-Saint-Cloud, Paris, Seuil-Éditions du CNRS, 1989.

vérifier l'existence de ces quanta de lumière. Le test fut concluant et l'existence des photons définitivement acceptée. Ainsi, cherchant à unifier le continu des ondes et le discontinu de la matière, Einstein a élaboré un cadre théorique plus général que celui de ses contemporains et permis l'explication de nouveaux phénomènes tels que l'effet photoélectrique (et bien d'autres encore).

La motivation d'Einstein a-t-elle été purement esthétique ? C'est possible mais j'en doute. Il me semble qu'en physique les généralisations sont exigées par la friction, le conflit entre théories rivales. La lumière par exemple apparaissait lors de certaines observations comme une onde, mais en d'autres circonstances comme un ensemble de corpuscules. À moins de se résoudre à admettre que la lumière n'était pas un seul et unique phénomène physique, il fallait donc bien trouver une généralisation théorique qui englobe les deux aspects à la fois. C'est donc la friction entre la théorie ondulatoire et sa rivale corpusculaire qui aboutit à la théorie d'Einstein. Sans cette friction pourquoi généraliser ? À propos, certains croient qu'Einstein a quantifié la lumière *pour* expliquer l'effet photoélectrique, or il a plutôt quantifié cette lumière *puis* découvert que cela permettait de comprendre l'effet photoélectrique.

C'est l'occasion d'ouvrir une parenthèse sur l'évaporation quantique. Adrian Wyatt, chez qui j'étais postdoc en 1977, eut la bonne idée d'appeler ainsi ce phénomène, mais c'est bien moi qui l'avais découvert quelques années auparavant, pendant mon travail de doctorat. Je m'étais aperçu qu'une petite bouffée de chaleur se propageant dans l'hélium superfluide était susceptible, en arrivant à la surface libre, de faire sortir des atomes, de les évaporer en quelque sorte. Puis j'avais découvert que ces atomes, à suffisamment basse température, sortaient avec une vitesse minimale remarquable,

79 m/s[44]. Or c'est ce qu'avait prévu Phil Anderson[45] en 1969, dans le cas intéressant où la chaleur se décomposait en « rotons », les particules qu'avait inventées Landau pour expliquer la thermodynamique de l'hélium superfluide. Dans l'effet photoélectrique, un quantum de lumière (un photon) incident sur une surface métallique éjecte un électron dont l'énergie cinétique est la différence entre l'énergie de ce photon et l'énergie de liaison de l'électron au métal. Dans mon cas, les rotons éjectaient des atomes avec une énergie cinétique qui était la même différence simple entre l'énergie de la particule incidente et l'énergie de liaison ; les 79 m/s en découlaient simplement. Donc ma bouffée de chaleur était un paquet de particules (Landau dit « quasi-particules ») d'énergie bien définie. C'était sûrement moins surprenant pour les physiciens, soixante-dix ans après Einstein, mais tout de même, à vingt-huit ans, j'étais assez fier d'avoir montré aussi directement que la chaleur, elle aussi, pouvait être quantifiée.

Revenons à l'unité des sciences. À ma connaissance il n'y a pas de friction entre la physique et la biologie, pas de nécessité donc qu'une théorie plus générale englobe à la fois la physique et la biologie ; cela n'empêche évidemment pas ces deux sciences de la nature de se compléter pour décrire, disons, la micromécanique des molécules biologiques ou le fonctionnement des moteurs moléculaires grâce auxquels nos muscles se contractent ou nos cellules se divisent ; cela n'empêche pas non plus les physiciens et les biologistes de se taquiner parfois, lors d'échanges qui restent fraternels.

---

44. S. Balibar, J. Buechner, B. Castaing, C. Laroche, A. Libchaber, « Experiments on superfluid ^{4}He evaporation », *Phys. Rev. B.*, 18, 3096, 1978.

45. Encore un prix Nobel, celui-ci en 1977.

Que de nombreuses tentatives d'unification se soient avérées fructueuses prouve simplement que la science progresse parfois en résolvant de cette manière certaines des difficultés qu'elle rencontre. Encore n'est-ce pas toujours le cas.

Il ne faut pas non plus se méprendre sur le résultat des généralisations successives qui jalonnent les progrès de la physique. Elles illustrent la façon dont la vérité scientifique évolue dans notre discipline. Une théorie, dans un état accepté à telle époque, est rarement déclarée fausse par la suite, elle est rarement invalidée, elle est plutôt généralisée sous une forme qui englobe l'état précédent et permet simplement d'aller plus loin dans notre compréhension de la nature, dans l'interprétation de phénomènes supplémentaires qui sont venus entre-temps enrichir la description que nous faisons de cette nature. D'ailleurs, la théorie de Maxwell était elle-même une généralisation remarquable, un exemple encore plus cité que celui d'Einstein, lorsque les épistémologues décrivent les progrès de la science, et qui mérite largement qu'on s'y arrête aussi.

Trente ans avant Einstein, il s'agissait pour l'Écossais James Clerk Maxwell d'unifier l'électricité et le magnétisme. Pour ce faire, il écrivit un groupe de quatre équations qui permettent par exemple de calculer quel champ magnétique est induit par un courant électrique passant dans une bobine, ou inversement quel courant électrique est induit dans la bobine si l'on déplace un aimant en son voisinage. Les chercheurs d'aujourd'hui apprécieront le fait qu'il a publié ses équations en 1873, deux ans après avoir été nommé directeur du célèbre Cavendish Laboratory de Cambridge : à l'époque, l'administration d'un grand laboratoire n'empêchait pas de mener des recherches actives !

Le plus remarquable, en fait, c'est que les équations de Maxwell contenaient davantage que ce que leur auteur lui même pensait y avoir mis. Parmi les solutions de ces équations, se trouvaient les ondes électromagnétiques, c'est-à-dire la possibilité qu'un champ électrique et un champ magnétique perpendiculaires l'un à l'autre se propagent en oscillant dans tout milieu, y compris dans le vide. Les équations de Maxwell prédisaient la propagation de la lumière et celle des ondes radio, ce que confirma Heinrich Hertz en 1887. Mais l'avènement de la théorie de Maxwell et *a fortiori* celui de la théorie quantique d'Einstein ne nous empêchent nullement d'utiliser les lois de Descartes en optique, heureusement ! L'optique géométrique a son domaine d'application et le garde.

De même, lorsque Dirac, dans le même laboratoire, réussit à établir une équation décrivant à la fois le caractère relativiste et le caractère quantique de l'électron et aboutit, ce faisant, à la découverte de l'antimatière, il n'empêcha heureusement personne d'utiliser l'équation de Schrödinger pour décrire l'évolution de particules quantiques dont la vitesse est faible par rapport à celle de la lumière.

Le niveau de mes propres recherches ne m'a jamais hissé à la hauteur de ces géants, mais je connais de près ce que furent mes propres désirs et mes propres plaisirs, lorsque j'ai touché au concept d'universalité en physique. C'est finalement ce qui m'aura le plus intéressé dans mon étude de la forme des cristaux, je vais en dire quelques mots. Ce sera une occasion de reprendre la distinction entre continu et discontinu, mais d'un point de vue très différent de celui d'Einstein quantifiant la lumière.

Cette universalité concerne certains changements d'état de la matière qu'on appelle *continus* par opposition aux changements qui nous sont plus familiers, tels que la cristallisation d'un liquide ou son ébullition, lesquels sont *discon-*

tinus. En effet, lorsque l'eau liquide se transforme en vapeur, par exemple, sa densité saute d'une valeur grande pour le liquide à une valeur faible pour le gaz sans passer par une suite de densités intermédiaires, c'est donc un changement d'état *discontinu*. Ces discontinuités posent aussi des problèmes intéressants, mais réglons d'abord le changement de forme *continu* de mes cristaux.

Avec Étienne Wolf, François Gallet, David Edwards, Étienne Rolley, Claude Guthmann et François Graner, mes élèves ou collaborateurs les plus proches dans cette longue aventure, nous ne nous sommes pas contentés de prendre de jolies photos pour des revues américaines, nous avons fait des mesures et nous les avons confrontées aux prédictions d'une théorie mathématique qu'élaborait Philippe Nozières au fur et à mesure que nous progressions. Les calculs de Philippe étaient lourds et j'étais heureux qu'il s'y soit attaqué sans crainte. De son côté, il se félicitait que nous nous chargions, nous, de la cryogénie nécessaire à nos expériences, tant celle-ci était lourde, elle aussi. Afin de comparer le modèle à la réalité, nous avons mesuré la courbure des cristaux à l'endroit et à la température où les facettes apparaissaient. Et aussi comment le passage d'une forme arrondie à une forme facettée changeait la vitesse de croissance de nos cristaux, comment le rayon d'une facette ronde tendait vers zéro lorsque la température approchait celle de la « transition rugueuse » où la facette disparaissait. Nous avons mesuré un certain nombre d'autres grandeurs qui sont plus difficiles à expliquer sans équations. Quant à cette théorie, elle utilisait certains des raffinements les plus récents de la physique des changements d'état de la matière, une histoire de « renormalisation » qui valut le prix Nobel à l'Américain Ken Wilson en 1982. Or cette théorie prétendait que notre changement de forme de cristaux se produisait d'une manière commune à beaucoup d'autres changements dans la nature. On avait découvert que le modèle mathématique décrivant les surfaces cristallines aboutissait aux mêmes équations que celui décrivant de nombreux systèmes qu'on dit « à deux dimensions » parce que ce sont des couches minces.

Je suis sensible à l'esthétique d'une théorie capable d'élaborer du général à partir de cas particuliers, et je continue de trouver assez beau que tous ces systèmes à deux dimensions pour lesquels on prédisait les mêmes comportements aient été aussi disparates qu'une couche magnétique devenant aimantée lorsqu'on la refroidit, un ensemble de charges électriques positives et négatives devenant conducteur, un film liquide qui cristallise ou un autre qui, au contraire, devient superfluide, etc. Ainsi, par exemple, la courbure de nos cristaux devait varier avec la température de la même manière que l'aimantation des couches magnétiques, selon la même loi en racine carrée de la température. Cela nous avait paru suffisamment étonnant pour justifier des années de travail et nous l'avons effectivement vérifié. L'un des très grands succès de la physique statistique de la fin du XXe siècle est d'avoir réussi à classer tous les changements d'état continus de la nature en fonction de quelques critères simples : quelle est par exemple la dimension de l'espace dans lequel le changement a lieu : un volume à trois dimensions ? Une couche à deux dimensions ? Quel est le type d'ordre qui s'installe ? Ainsi, bien que l'aspect de ces systèmes soit tout à fait différent, nous avons démontré, et vérifié, qu'ils étaient régis par des lois universelles. À la mesure de nos moyens, nous avons donc contribué à unifier un petit coin de la physique.

Revenons maintenant à l'eau, sa cristallisation et son ébullition, auxquelles nous nous sommes intéressés après les cristaux d'hélium. Lorsque je fais bouillir de l'eau, sa densité saute donc d'une grande valeur à une petite, c'est l'exemple type d'un changement d'état *discontinu*. De même, si je refroidis de l'eau et qu'elle gèle, je la fais passer de manière discontinue d'un état liquide où la position des molécules est désordonnée à un état cristallin où ces molécules sont arrangées de manière ordonnée, où les symétries de l'arrangement spatial sont différentes. L'eau ne passe par aucun état intermédiaire entre le désordre liquide et l'ordre cristallin.

Comment un système physique saute-t-il d'un état à un autre ? Nous avons tous appris à l'école primaire que zéro degré Celsius (0 °C) est la « température de la glace fondante ». Effectivement, si l'on met de l'eau à refroidir, la température diminue, mais dès que des glaçons apparaissent, elle se stabilise à zéro tant qu'il reste de l'eau liquide. Un équilibre s'établit entre les deux états de l'eau, et tant que ces deux états coexistent, la température est stable : 0 °C. Mais le premier glaçon apparaît-il dès que la température atteint zéro ? Eh bien, pas du tout ! Si on fait l'expérience dans un récipient très propre avec de l'eau bien pure, on descend facilement de quelques degrés en dessous de zéro. Il faut un certain degré de « surfusion » pour que le premier germe de glace apparaisse. Dans les nuages, l'eau est sous forme de gouttelettes en suspension, en contact avec aucune paroi, ce qui lui permet de rester liquide jusqu'aux alentours de – 20 °C, une température qui dépend cependant de la pollution. En dessous de zéro degré Celsius, l'eau est dans un état qu'on appelle « surfondu » et qui n'est stable que si on ne le perturbe pas trop (on l'appelle donc « métastable »). On raconte que l'eau des lacs en montagne est suffisamment pure pour pouvoir, elle aussi, rester liquide assez loin en dessous de zéro. Elle est dans un équilibre fragile comme un crayon debout que le moindre souffle va renverser : le lac cristallise d'un coup si on le perturbe un tant soit peu, en y mettant un pied je ne sais pas mais en y jetant un glaçon certainement.

L'état liquide et l'état cristallin de l'eau sont donc comme deux casiers d'une boîte séparés par une barrière. Pour changer de casier, c'est-à-dire d'état physique, l'eau doit sauter par-dessus la barrière. La température d'équilibre (0 °C) correspond à la situation où les deux casiers sont à la même hauteur. En dessous de zéro, tout se passe comme si la boîte était penchée : l'un des casiers étant plus bas, l'eau y sera plus stable. Si je penche davantage la boîte (comprenez : si je refroidis beaucoup mon eau en dessous de zéro), il arrive un moment où l'eau du casier le plus haut va passer par-dessus la barrière dans le casier le plus bas, surtout si je l'agite un peu (en fait, les fluctuations thermiques agitent l'eau sans mon intervention). À quelle température cela se passe-t-il, dans le cas de l'eau ? La surfusion de l'eau n'intéresse pas les physiciens depuis hier, mais il semble bien qu'il soit impossible d'empêcher l'eau de prendre en glace au-delà de – 40 °C. Cette température qui a l'air très froide est-elle celle où la barrière ne résiste plus au passage de l'eau ? C'est possible, mais ce n'est pas certain. Ce genre de propriété dépend de la structure de l'eau liquide, qui est d'une célèbre complexité (la glace, c'est plus simple). Or il se trouve qu'au début du XXIe siècle, alors que le niveau de sophistication de certaines théories physiques est impressionnant, on ne connaît pas suffisamment bien la structure de l'eau pour en être certain. C'est bien ce qui nous attire dans ce domaine de recherche.

Si notre connaissance de la structure de l'eau est insuffisante pour prédire jusqu'où on peut l'empêcher de geler, on doit s'attendre à ce qu'il en soit de même pour ce qui est de son ébullition. En prenant de grandes précautions, on peut empêcher l'eau de bouillir jusque vers + 200 °C. Un phénomène voisin est celui de la cavitation. La température et la pression sont les deux grandeurs physiques dont dépendent les changements d'état de la matière pure. Si au lieu de chauffer de l'eau à *pression* ordinaire (une atmosphère, environ un bar), on diminue la pression à *température* ordinaire, des bulles apparaissent aussi, l'eau liquide passe à l'état de vapeur. Ce phénomène est semblable à celui de l'ébullition mais porte un nom différent, on l'appelle « cavitation » et elle est importante, par exemple en hydraulique : derrière l'hélice d'un bateau se forment des tourbillons au cœur desquels la pression est réduite. C'est comme au cœur d'une tornade. D'ailleurs, lorsque la pression atmosphérique baisse dans votre région, et que les services de la météo vous en informent, c'est tout simplement que vous vous trouvez au cœur d'un grand tourbillon atmosphérique qui passe.

Tout cela est lié à une loi dite « de Bernoulli » qui décrit la conservation de l'énergie en hydrodynamique et fut établie par Daniel Bernoulli, physicien suisse[46] que l'impératrice Catherine Ire avait invité à honorer Saint-Pétersbourg de sa présence[47]. Donc, au cœur des tourbillons que provoque l'hélice, des bulles apparaissent ; elles réduisent l'efficacité de l'hélice, elles peuvent aussi, en implosant sur sa paroi, y faire de petits trous et, progressivement, la détériorer. C'est cette capacité destructrice des bulles que les médecins mettent à

46. Daniel Bernoulli et son frère Nicolas étaient nés à Bâle ; comme leur ami Leonhard Euler, ils apprirent les mathématiques de leur père, Jean Bernoulli, ami de Leibniz, et élève de son propre frère Jacques Bernoulli. Le père de Leonhard Euler, Paul Euler, avait lui aussi étudié les mathématiques avec Jacques Bernoulli. Quelles familles !

47. Fille d'un serf lituanien et prisonnière des armées russes à dix-huit ans, elle devint la maîtresse de Pierre le Grand, qui l'épousa en 1712 ; à la mort de ce dernier (1725), elle régna brièvement sur la Russie et fonda l'Académie de Saint-Pétersbourg avant de mourir à son tour (1727) ; à ne pas confondre avec Catherine II (la Grande Catherine) qui régna, de 1762 à 1796, et aimait s'entretenir avec Voltaire et Diderot.

profit lorsqu'ils utilisent des machines à ultrasons pour casser les calculs rénaux. Enfin, certains chercheurs en biologie végétale pensent que si les arbres ne peuvent pas pousser au-delà d'une certaine hauteur, c'est parce que la colonne de sève verticale tire de tout son poids sur la sève du haut de sorte que, si ce poids est trop grand, il se produit de la cavitation qui détruit les cellules. Il paraît que cela s'entend.

Donc la cavitation est un phénomène important. Or on n'en a qu'une compréhension incomplète. Dans de l'eau ordinaire, la cavitation se produit assez facilement. Repensons à ces arbres. Dans la colonne de sève, la pression dépend de la hauteur. Il s'y passe le même phénomène, mais à l'envers, que lorsque vous plongez : plus vous plongez profond, plus vous ressentez la pression qui augmente. C'est 1 bar de plus tous les 10 mètres, et vous avez sûrement compris que la cause en est simple : toute l'eau qui est au-dessus pèse sur vous. Si au contraire vous imaginez que vous puissiez monter à l'intérieur des canaux qui conduisent la sève, là au contraire l'eau tire, et la pression doit être de 1 bar (la pression atmosphérique) au niveau du sol, puis diminuer, donc valoir 0 bar à 10 mètres de haut, – 1 bar à 20 m, – 2 bars à 30 m, etc. Parler de pression négative surprend peut-être, mais il ne s'agit de rien d'autre que d'une contrainte en extension, un étirement si l'on préfère. Or, si l'on tire sur un morceau de bois, on sait bien qu'il casse au-delà d'une certaine contrainte. C'est la même chose pour un liquide. Mais on sait aussi que si le bois est fendillé, il est plus fragile. De même, l'eau ordinaire qui contient beaucoup de défauts, en particulier des microbulles d'air, casse, c'est-à-dire cavite, à pression faiblement négative, environ – 1 bar pour l'eau de mer derrière les hélices, jusqu'à – 10 bars dans les plus grands arbres, apparemment. En fait, l'écoulement de la sève joue un rôle, surtout en période de sécheresse, lorsque l'évaporation par les feuilles est grande. La cavitation peut donc avoir lieu à des pressions beaucoup plus négatives encore.

Mais, dans un liquide très pur, il n'y a pas d'air ni d'autre gaz dissous, la cavitation n'a lieu que si la contrainte appliquée réussit vraiment à séparer les molécules, et il faut pour cela des pressions beaucoup plus négatives. Dans l'eau très pure, que nous étudions actuellement, il est question de – 1 500 bars, une contrainte extrêmement forte que nous savons produire avec des ultrasons particulièrement intenses. Mais, en fait, on ne sait pas très bien quelle est cette limite de rupture de l'eau pure parce qu'on ne connaît pas assez bien la structure de l'eau, les forces qui attirent ses molécules entre elles et lui assurent sa cohésion interne. Ne pas comprendre quelle est la structure du liquide indispensable à la vie, c'est tout de même assez irritant. C'est cette irritation qui nous a lancés, Frédéric Caupin et moi, dans cette nouvelle aventure.

Ainsi, la fin du XXe siècle a permis de régler le problème des changements d'état *continus*, mais on ne comprend pas bien certains changements d'état *discontinus* de la matière, au premier rang desquels ceux de l'eau. Si nous pouvions apporter une pierre à cet édifice-là, cela nous permettrait de répondre plus facilement à nos amis biologistes lorsqu'ils prétendent que la physique a certes été la science reine au XXe siècle, mais que dorénavant le trône leur est dû.

9

Cyclistes et papillons

Le vent souffle généralement de l'ouest, en vallée de Chevreuse, donc de face lorsque nous partons, chaque dimanche matin, pour une virée à bicyclette vers la forêt de Rambouillet. C'est mieux puisque ainsi le retour se fait vent dans le dos et paraît moins dur. Le vent est l'ennemi du cycliste : en plaine, nous dépensons presque toute notre énergie à lutter contre la résistance de l'air.

En attendant la prochaine côte, où je sentirai la gravité tirer sur mes quatre-vingts kilos, où je sais bien que Paul va encore démarrer, et où Michel, qui est léger, va me lâcher sans effort, j'essaie de garder un peu de forces. Je cherche donc à me caler dans la roue d'un grand avec de la surface, mon fils Lucien par exemple, ou bien Rino, ou encore Rémy, mais pas Sophie, ni Marc, ni Benjamin : eux, au contraire, aiment bien se protéger derrière moi, enfin, si je ne traîne pas derrière. Mais voilà, il faut sentir la direction du vent, dont la vitesse se compose avec celle du cycliste. Il y a donc une position précise où l'on pédale sans effort, où l'on se sent comme aspiré, et cette position bien abritée n'est juste derrière le cycliste de devant que si le vent est exactement de face, ou si notre vitesse est nettement supérieure à celle du vent ; dans ce cas, notre petit peloton s'étire en file indienne. Mais en général le vent est un peu de travers et pour bien s'abriter il faut avancer sa roue avant à côté de la roue arrière de celui qui est devant, se mettre « en éventail ». Or, à 5 centimètres près, on prend le vent et on se fatigue autant que si on était devant. Il faut quelques milliers de kilomètres d'entraînement pour trouver facilement cette position de repos dans le creux aérodynamique des autres, mais, à 40 km/h, un amateur comme moi doit faire attention, un accrochage serait fatal. Chacun se débrouille avec ce qu'il peut pour s'économiser sans trop de risque et, pour une fois, cela me sert d'avoir quelques notions de mécanique des fluides.

Je porte un casque depuis qu'un charcutier d'Antony, brûlant un stop au volant de son gros Mercedes, m'a fracturé le visage. Et mon casque a des brides d'attache qui descendent le long de mes oreilles pour aller se boucler sous le menton. Or ces petites brides sifflent comme les haubans des bateaux à voiles. Ce sifflement me rappelle les chuintements qui accompagnaient mes efforts de flûtiste, lorsque j'avais une trentaine d'années et que je n'arrivais pas à bien focaliser mon jet d'air sur le biseau de l'embouchure de ma Yamaha. Depuis, je suis revenu au piano, mais j'ai aussi appris que le sifflement du vent provient de l'instabilité des filets d'air qui contournent l'obstacle, hauban, bride ou biseau : ils ne s'écoulent pas selon une trajectoire constante dans le temps, ils oscillent d'un côté à l'autre en émettant des tourbillons alternés. De belles photographies montrent ces tourbillons que le courant d'air emporte plus loin, qui s'élargissent et forment la bordure ondulante d'une allée qu'analysa Theodor von Karman[48]. Et la fréquence à laquelle ces tourbillons alternés sont émis augmente avec la vitesse de l'écoulement moyen autour de l'obstacle : ça siffle plus aigu quand l'air va plus vite. C'est ainsi que le vent chante : il module sa vitesse sur les obstacles. Quant à moi, comme je prends moins de vent quand je suis bien abrité derrière Lucien, j'ai un truc pour m'aider à trouver la bonne position : j'écoute les allées de von Karman dans les brides de mon casque. Un peu trop à gauche, ça siffle aigu. Un peu trop à droite, même chose. Juste au bon endroit, le son est plus grave. Évidemment, j'écoute aussi mes cuisses, qui me brûlent si c'est trop dur, ou le rythme de mon cœur qui s'affole aussi lorsque, au train d'enfer qu'ils m'imposent, je ne suis pas bien calé où il faut. Mais tous ces indicateurs ne m'informent pas immédiatement, or le vent fluctue, et puis la route tourne, donc il faut sans arrêt se recaler dans les roues. Les pros sentent cela d'instinct. Moi, j'en profite pour faire un peu de physique.

Lorsque le vent souffle de travers et que nous nous relayons ainsi, je pense aussi aux canards sauvages qui ont plus de place dans le ciel, pas de voitures en face, et s'organisent en V. Il paraît que, malgré leur absence d'éducation en mécanique des fluides, ces grands oiseaux sentent eux aussi les turbulences de l'air dans le sillage de leurs coéquipiers. Comme nous à bicyclette, ils se relaient et vont beaucoup plus vite en groupe qu'individuellement. Les poissons dans leurs bancs doivent faire de l'hydrodynamique, eux aussi,

48. Né à Budapest en 1881, Theodor von Karman travailla à Aix-la-Chapelle avant d'émigrer en Californie et d'y jouer, de 1930 à 1960, un rôle considérable dans le développement de la mécanique des fluides, en particulier de ses applications à l'aéronautique.

mais c'est pour se protéger des gros prédateurs. Quant aux fourmis, quelles que soient leurs motivations, je crois qu'elles font de la chimie pour reconnaître le chemin de leurs voisines.

Après un siècle de recherches où mécanique quantique et relativité ont presque monopolisé la une des journaux scientifiques, l'étude de la turbulence revient sur le devant de la scène. En effet, on se rend compte qu'on ne la comprend pas, pas suffisamment du moins. De plus, les écoulements turbulents sont plutôt la règle que l'exception : dans l'atmosphère d'une étoile, dans celle de la Terre et dans ses océans, derrière une voiture ou un bateau, à l'intérieur d'un moteur ou dans un réacteur chimique, les écoulements sont tous turbulents. Or réfléchir à la turbulence est l'occasion de distinguer *ce qu'on sait qu'on ne sait pas encore* (calculer par exemple la force de traînée qui limite la vitesse maximale

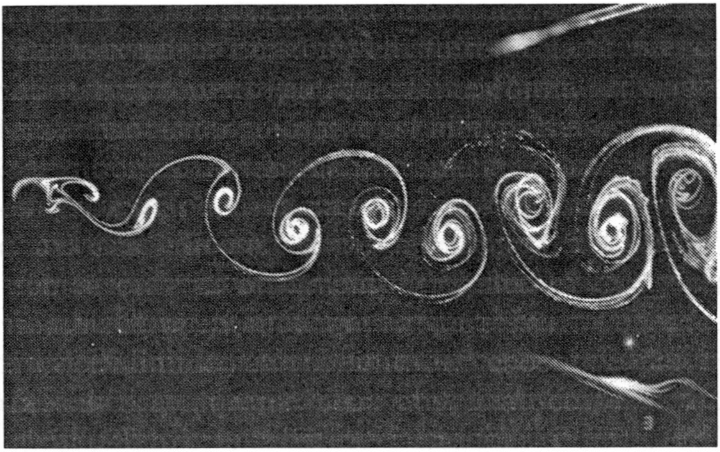

Derrière un obstacle rond, un fluide s'écoule en émettant des tourbillons alternativement d'un côté puis de l'autre. Ce phénomène est à l'origine du sifflement du vent dans les haubans des mâts de bateaux (© ONERA).

d'un bateau ou d'une voiture) de *ce qu'on sait qu'on ne saura jamais* (prédire le temps plus de deux semaines à l'avance).

Lorsqu'il n'est pas turbulent, un écoulement est dit « laminaire » : il est stable dans le temps et dans l'espace ; on peut visualiser les filets d'air ou d'eau s'écoulant autour d'un objet en injectant des colorants et si l'écoulement est suffisamment lent, ou de suffisamment petite dimension, ou si le fluide est très visqueux, ces filets ont une forme régulière stable. Faites couler du miel liquide ou de la glycérine, vous obtiendrez généralement un écoulement laminaire. Si vous ne craignez pas d'avoir à le jeter ensuite, vérifiez donc en injectant de l'encre dans votre miel et déplacez-y une cuiller ! Déplacez en revanche un doigt dans de l'eau savonneuse ou une cuiller dans votre tasse de café, vous verrez se former des tourbillons de chaque côté de votre doigt ou de votre cuiller, l'écoulement est instable, turbulent.

Il y a toutefois différents degrés de turbulence. À relativement basse vitesse, l'écoulement peut osciller de manière périodique ; c'est le cas du vent dans les haubans, qui siffle à une fréquence assez bien définie et produit ainsi un son que nous pouvons approximativement reproduire, en sifflant ou en chantant. Mais à très grande vitesse, ou sur un objet de grande taille, le vent ne fait plus aucun son de hauteur identifiable, l'écoulement est tellement turbulent qu'il devient chaotique et ne produit que du bruit.

Un peu d'acoustique musicale devrait nous aider à comprendre la définition du chaos, un concept physique très important dans la physique contemporaine, pas seulement dans celle de la turbulence. Un son pur est une oscillation périodique simple de la pression de l'air, ce qu'émettent par exemple différents gadgets électroniques bon marché. Un son musical est toujours périodique, mais composé de la superposition d'une oscillation fondamentale qui détermine la hauteur qu'on perçoit, et de ses harmoniques, c'est-à-dire d'oscillations à des fréquences double, triple, quadruple..., tout cela selon un dosage qui détermine le timbre de l'instrument ; ainsi, on distingue assez facilement un hautbois d'une flûte car le son du premier est beaucoup plus riche en harmoniques que celui de la seconde.

Un accord, bien sûr, c'est ce qu'on obtient en jouant plusieurs notes à la fois, c'est donc la superposition de plusieurs sons, mais c'est toujours la somme d'un nombre *fini* d'oscillations à des fréquences identifiables. Il n'est pas facile de chanter des accords mais certains chanteurs y parviennent, en Sardaigne par exemple, et je connais aussi un académicien, remarquable musicien, qui sait chanter et siffler à la fois, qui sait donc jouer des fugues de Bach à deux voix sans instrument de musique. Mais l'important, pour ce qui nous intéresse ici, est qu'un bruit est une superposition d'un nombre *infini* d'oscillations à des fréquences différentes, les physiciens disent que son spectre est « continu ». Contrairement à un son qui, étant périodique, se reproduit toujours de manière identique et est donc parfaitement prédictible, un bruit est dit « chaotique », c'est-à-dire imprédictible : même si vous enregistrez un bruit jusqu'à un certain instant, vous êtes incapable de prédire la suite car elle est aléatoire. Un écoulement fortement turbulent est chaotique, aussi imprédictible dans le temps que dans l'espace.

Une question qui a beaucoup progressé à la fin du siècle dernier est celle des différentes manières dont un écoulement de stable à basse vitesse peut devenir oscillant puis chaotique à grande vitesse. Il existe plusieurs « routes vers le chaos », et j'ai vu de près comment l'une d'entre elles fut découverte.

Vers 1980, je commençais à me demander pourquoi les cristaux ont des facettes quand Albert Libchaber commençait, lui, à faire chauffer un cube de liquide par en dessous. Albert était mon ancien patron de thèse et je lui garde une double reconnaissance : c'est lui qui m'a vraiment incité à développer ma curiosité et c'est aussi lui qui m'a poussé à définir moi-même mes sujets de recherches. Il travaillait dans la pièce à côté avec Jean Maurer, un ingénieur particulièrement original qui avait construit une petite boîte en plastique de quelques millimètres munie d'un capillaire pour la remplir d'hélium liquide. Côte à côte, nous apprécions ensemble les charmes de ce liquide modèle pour répondre à des questions générales. La petite boîte de Maurer était aussi munie d'un fil chauffant en bas et d'un refroidissement en haut, ainsi que de quelques microthermomètres. À basse puissance de chauffage, la chaleur était simplement transmise par conduction thermique ordinaire du bas vers le haut et le fluide restait immobile. À plus forte puissance, le fluide se mettait en mouvement : ce mouvement de « convection » augmentait la conduction de la chaleur entre le bas et le haut et son origine était simple comme le principe d'Archimède. En effet, chauffer un fluide produit généralement une dilatation, et, en présence de la gravité terrestre, le fluide chaud devenu léger monte, se refroidit au contact de la paroi supérieure, devient plus dense et redescend. Combinée à la poussée d'Archimède, la dilatation thermique déstabilise le fluide sous forme d'un rouleau de convection. Quant à la forme de ce rouleau, elle dépend de celle de la boîte : si elle est à peu près cubique, un seul rouleau se forme et peut tourner dans un sens ou dans l'autre. Si la boîte est rectangulaire, à peu près deux fois plus large que haute, un double rouleau s'installe, où le fluide chaud monte par le milieu et redescend par les côtés. Si enfin la boîte est beaucoup plus large que haute, alors de multiples rouleaux allongés se forment et peuvent être alignés parallèlement les uns aux autres ou organisés en réseau de cellules hexagonales. On peut observer de telles structures de rouleaux en faisant chauffer un fond d'huile dans une casserole. J'ai déjà mentionné aussi (chapitre 3) que cette convection thermique est à l'œuvre dans le manteau de la Terre, entraînant les plaques de la croûte terrestre et déclenchant les tremblements de Terre.

Libchaber et Maurer observaient la même convection dans leur cube de plastique, un phénomène assez connu en somme. Mais en augmentant encore la puissance chauffante, ils observèrent que la température commençait à osciller dans le temps. Elle oscillait parce que le mouvement en forme de rouleau du liquide oscillait lui-même. Ils furent d'abord surpris de constater qu'à mesure qu'ils continuaient d'augmenter le chauffage, la période de l'oscillation doublait, puis doublait encore, puis encore et encore jusqu'à ce que le mouvement périodique des rouleaux se transforme finalement en fluctuations chaotiques. Doubler la période, cela signifie diviser la fréquence par deux, et si Libchaber et Maurer avaient pu écouter leur boîte, ils auraient entendu un son devenir de plus en plus grave, baisser d'une octave à chaque étape avant de devenir une sorte de bruit informe. Plus tard des chercheurs en acoustique ont reproduit ce phénomène et ont effectivement entendu cette « cascade de doublements de périodes » comme l'avait baptisée son inventeur, Mitchell Feigenbaum. Quant à Albert, cette découverte expérimentale de l'une des « routes vers le chaos » lui permit de réaliser l'un de ses rêves, une grande carrière américaine. C'est un phénomène très général dont on a ensuite découvert l'existence dans de nombreux autres domaines : électronique, optique, chimie…

Mais vous aurez sans doute remarqué que j'ai employé « routes » au pluriel ! C'est effectivement parce qu'il y en a d'autres. En 1971 en effet, soit dix ans avant les expériences de mes voisins de couloir, David Ruelle et Floris Takens avaient démontré que, pour qu'un système dynamique devienne chaotique, il suffisait qu'il puisse osciller selon trois modes différents couplés. David Ruelle a écrit un livre remarquable (*Hasard et Chaos*, Odile Jacob, 1991) où il explique tout cela, mais ma manière personnelle de le comprendre est de revenir aux planètes de mes nuits provençales. Si la Terre était la seule planète gravitant autour du Soleil, le couple Terre-Soleil formerait un oscillateur dont la période serait stable (une année) et dont l'avenir serait parfaitement prédictible. Vous pensez sans doute que ceci est non seulement vrai mais indépendant de la présence d'autres planètes. À l'échelle d'une vie humaine, certainement, et même à celle de notre civilisation. Mais en fait chaque planète gravite avec sa période propre et tous ces mouvements sont couplés puisque la gravitation s'exerce entre tous ces corps. Le passage d'une planète près d'une autre planète modifie légèrement les trajectoires et ces modifications s'amplifient à la longue. D'après Ruelle et Takens, il suffit de trois planètes ainsi couplées pour que le mouvement général soit imprédictible, et c'est vrai : comme l'explique Jacques Laskar, à l'échelle de la centaine de millions d'années, le mouvement des planètes du système solaire est chaotique, imprédictible.

Ainsi, au cours des trois dernières décennies du XXe siècle, on a démontré que le grand Lev Landau avait tort, lorsqu'il se représentait l'apparition du chaos en turbulence dans un fluide comme due à l'irruption progressive d'un nombre de plus en plus grand d'oscillations à des fréquences toutes différentes. Il en suffisait de trois ou même d'une seule qui se dédouble. Même les plus grands physiciens n'ont pas toujours raison.

Mais revenons aux prédictions afin d'évoquer la mémoire d'un système physique. Le mouvement d'une horloge est tellement régulier que si vous connaissez son état à un moment quelconque, vous pouvez prédire son état à n'importe quel instant ultérieur. Une horloge a une mémoire parfaite de son passé : son état futur est entièrement déterminé par son état antérieur. En revanche, un système chaotique perd toute mémoire au bout d'un certain temps, et c'est pourquoi prédire la météo est si difficile. Cette difficulté et cette perte de mémoire tiennent à ce qu'on appelle parfois l'« effet papillon » qui mérite quelques précisions.

L'effet papillon tire son nom du titre de la conférence que le météorologue Edward Lorenz prononça en 1972 à Washington : « Prévisibilité : le battement d'ailes d'un papillon au Brésil déclenche-t-il une tornade au Texas ? » Il y soulignait qu'un battement d'ailes de papillon en plus ou en moins quelque part suffisait à changer complètement l'évolution ultérieure du mouvement de toute l'atmosphère, tant celle-ci était sensible aux conditions initiales dont elle partait.

On peut comprendre ce qu'est la sensibilité aux conditions initiales d'un système chaotique en imaginant un billard avec un plot rond au milieu. On lance une boule vers ce plot. Selon qu'elle heurte le plot à droite ou à gauche, elle rebondit d'un côté ou de l'autre. Elle rebondit ensuite sur les bandes latérales et dessine une certaine trajectoire sur le tapis du billard. Mais si l'on essaie d'obtenir la même trajectoire en lançant une seconde fois la boule, il va falloir être habile car la moindre différence au premier impact va produire une différence de direction au premier rebond laquelle suffira, au bout de quelques rebonds supplémentaires, pour que la boule heurte une bande latérale différente, ce qui provoquera une différence radicale dans la suite du mouvement. Un billard avec un plot au milieu est chaotique : on ne peut obtenir la même trajectoire pour deux lancers de boule qui rencontrent le plot que si la précision au départ est infinie. Ces billards chaotiques ont été étudiés par Yakov Sinaï, un mathématicien qui travaille aujourd'hui à Princeton et qui en a proposé beaucoup d'autres : certains n'ont pas de plot central mais une simple bordure en forme de stade, une partie droite connectant deux parties circulaires.

On peut aussi fabriquer des suites de nombres chaotiques. Partons par exemple d'un nombre entre 0 et 1, disons 0,33, puis doublons le : 0,66. Doublons le encore : 1,32. Mais à chaque fois que le résultat dépasse 1, rabattons le entre 0 et 1 en lui retranchant sa partie entière, ce qui, dans notre cas donne 0,32. Recommençons : 0,64 puis 0,28 puis 0,56, puis 0,12, etc. Recommençons maintenant avec un nombre voisin, par exemple 0,34. Au lieu de trouver la suite

0,66 puis 0,32 puis 0,64 puis 0,28 puis 0,56 puis 0,12 puis 0,24 puis 0,48,

nous trouvons :

0,68 puis 0,36 puis 0,72 puis 0,44 puis 0,88 puis 0,76 puis 0,52 puis 0,04.

On voit que les deux suites de nombres divergent assez vite pour devenir complètement différentes. Cela provient de la combinaison des étirements et des repliements qu'on fait subir à ces nombres en les doublant puis en les rabattant entre 0 et 1. De même, dans mon billard chaotique, le plot écarte les trajectoires et les bandes les rabattent à l'intérieur. Dans un écoulement turbulent aussi, les lignes de courant sont étirées et repliées par les tourbillons.

Des mathématiciens ont reconnu l'importance de cette association « étirement-repliement » en lui donnant un nom métaphorique : la « transformation du boulanger ».

Avez-vous jamais fait de la pâte feuilletée ? Personnellement, je suis la méthode du « feuilletage rapide » de Lenôtre :

j'étale une couche de pâte sous forme d'une bande trois fois plus longue que large que je recouvre aux deux tiers de noix de beurre aplaties ; pour cela, je vous conseille d'aplatir le beurre entre deux feuilles de plastique alimentaire avec un rouleau, puis de mettre ce sandwich cinq minutes au congélateur afin de pouvoir décoller le beurre du plastique. Ensuite, je replie la pâte en trois, je tourne le carré obtenu de 90 degrés et j'étire au rouleau avant de replier, d'étirer à nouveau, etc. Au bout de quelques opérations de ce type, chaque particule de beurre se retrouve très éloignée de sa voisine de départ, tout le beurre est dispersé de manière chaotique entre les nombreux feuillets.

En somme, ce qu'il y a de commun entre l'arithmétique et la pâtisserie, c'est qu'elles démontrent qu'un comportement chaotique peut résulter de lois simples parfaitement déterministes, ni compliquées ni probabilistes comme on aurait pu s'y attendre. Et, pour revenir à la météorologie, ce qui fait donc qu'on ne peut guère prédire le temps qu'il fera à plus d'une semaine, c'est que les mouvements de l'atmosphère et des océans sont chaotiques. On notera que la loi de Navier Stokes qui gouverne l'hydrodynamique est cependant parfaitement déterministe. Il en était de même des lois de la gravitation, en jeu dans le mouvement des planètes.

Qu'est-ce qui met en mouvement l'atmosphère ? C'est la chaleur du Soleil : l'air est plus chaud au niveau du sol qu'en altitude, il est aussi plus chaud à l'équateur qu'aux pôles, et cela déclenche, comme dans l'expérience de Maurer, de gigantesques mouvements de convection. Comme, de plus, la Terre tourne, les tourbillons ont un sens privilégié, et c'est pour cela que les vents dominants viennent de l'ouest en France. Quant aux océans, c'est à peu près la même chose : l'eau est plus chaude et plus salée à l'équateur qu'aux pôles ce qui provoque de gigantesques courants marins. Là aussi, la rotation de la Terre joue un rôle, et c'est pour cela que le fameux Gulf Stream tourne lui aussi vers l'ouest dans l'Atlantique nord, et qu'en revanche un courant d'eau froide profonde redescend à l'est, le long des côtes américaines. La Terre est une grande machine thermique qui transforme l'énergie du rayonnement solaire principalement en vents et en courants marins mais aussi en pluies et en neige, avec les conséquences que l'on sait sur la végétation.

Jusqu'au milieu du XXe siècle, on s'était contenté d'observer et de décrire le temps qu'il faisait dans les diverses régions du monde ou, à une échelle de temps plus longue, le climat régnant. Pour prévoir le temps, on en était réduit à faire la moyenne des années précédentes. Pourquoi sait-on faire mieux aujourd'hui, au moins à échéance de quelques jours ? Cela tient à trois raisons principales. D'une part, les satellites permettent d'observer la planète entière : même si l'on pourrait faire mieux, on connaît partout et en permanence le vent, la pression, la température, l'hygrométrie, la présence de nuages et leur nature. D'autre part, on dispose d'ordinateurs suffisamment puissants pour traiter l'ensemble de ces données, c'est-à-dire pour calculer suffisamment vite comment évolue le couple océan-atmosphère à partir des conditions mesurées à un instant initial. Pour cela, l'ordinateur utilise les lois de l'hydrodynamique qui, je le répète, sont connues. On dispose aussi d'un certain nombre de modèles pour les instabilités qui peuvent apparaître par-ci par-là, de modèles de la formation des nuages et de la manière dont ils affectent les précipitations, la température locale, la réflexion du rayonnement solaire, etc. Les grands modèles météorologiques progressent sans cesse et chacun a sans doute son opinion sur la fiabilité des prédictions. Mon impression personnelle est que les prévisions à vingt-quatre heures sont relativement fiables, sauf dans certaines périodes de l'année ou dans certaines régions où le temps est particulièrement instable.

Mais, nous le savons bien, la probabilité que les prédictions soient justes plusieurs jours à l'avance est faible. Aucun institut ne s'aventure sérieusement à prédire le temps à plus d'une semaine, et l'origine de cette incertitude est la sensibilité aux conditions initiales des systèmes chaotiques. On peut rêver de satellites qui mesureraient les conditions atmosphériques tous les mètres au lieu de tous les kilomètres ou même encore mieux, l'évolution du système Terre restera chaotique, on parviendra peut-être à prévoir le temps avec une plus grande fiabilité quelques jours de plus à l'avance, mais jamais à plus de deux semaines. Même si une forêt de satellites aux yeux perçants notaient en permanence la position de tous les papillons qui, en voletant d'une fleur à la suivante, effleurent le déplacement local de l'air, même si une flotte d'ordinateurs géants pouvaient traiter en moins de vingt-quatre heures la masse formidable de données correspondantes, on ne saurait pas prédire le temps quinze jours à l'avance. Ce n'est pas le papillon qui déclenche une tempête à l'autre bout du globe, comme certains le disent abusivement parfois en déformant la pensée de Lorenz, puisque le moteur des tempêtes est bien le Soleil, mais la présence d'un papillon à un endroit plutôt qu'à un autre peut suffire pour qu'une tempête se déclenche plus loin, plus tôt, plus tard, ailleurs, de façon imprévisible.

Pour autant, il ne faudrait pas croire que les météorologues ne servent à rien, au contraire. D'une part, et j'insiste, leurs prédictions à court terme sont assez fiables et s'améliorent, d'autre part, l'atmosphère et les océans sont le théâtre de phénomènes liés à de grandes structures qui sont identifiées et sur lesquelles ils savent faire des prédictions. L'exemple le plus connu est celui d'El Niño, cette grande masse d'eau chaude qui, en traversant parfois la surface du Pacifique d'ouest en est, vient réchauffer les côtes de l'Amérique du Sud et y faire proliférer les crevettes. Cette instabilité a beau être aléatoire, on sait aujourd'hui la prévoir six mois à l'avance. Par ailleurs, lorsque les météorologues moyennent les fluctuations sur des périodes plus longues, lorsqu'ils s'intéressent donc à l'évolution du climat, ils s'affranchissent des fluctuations imprédictibles et reviennent au déterminisme. Cela fait heureusement la une des journaux car c'est inquiétant : les modèles du climat prédisent un réchauffement global de la planète dont il ne fait plus aucun doute qu'il résulte de l'activité humaine (nous dégageons de plus en plus de gaz carbonique). Si l'on hésite aujourd'hui entre une augmentation de 3 ou de 6 °C dans le siècle à venir, ce n'est pas tant à cause des incertitudes sur l'évolution du couple océan-atmosphère, c'est surtout parce qu'on ne sait pas très bien comment va évoluer la population ni surtout la manière dont cette population se prépare à consommer de l'énergie.

C'est en réfléchissant à tous ces problèmes scientifiques que j'ai entendu Daniel Cohen, déclarer sur France Culture, le 9 septembre 2004 au matin, que les économistes n'ont pas à faire de prédictions, pas davantage que les météorologues ! Professeur à l'École normale supérieure, membre du Conseil d'analyse économique du Premier ministre, lauréat de prix internationaux, ce grand économiste m'avait donné l'impression de se défausser un peu vite de ses responsabilités. Les prédictions des économistes étant notoirement incertaines, leur suffit-il de prétendre qu'ils n'en font pas ? Se comparer aux météorologues qui, eux, en font avec les précautions que nous venons de voir, n'est-il pas quelque peu abusif ? Lors du séminaire qu'il fit dans notre laboratoire en janvier 2005, j'ai eu l'impression de mieux comprendre ce que Daniel Cohen pensait.

L'état économique du monde dépend de phénomènes qui amplifient les fluctuations et sont responsables d'un chaos qu'on peut effectivement rapprocher de celui de l'atmosphère. Les économistes s'intéressent par exemple à l'évolution du revenu par habitant. Sans doute par désir de simplifier, ils considèrent pour commencer que, dans une économie de marché, chaque individu agit en fonction de son intérêt économique, c'est-à-dire de l'argent qu'il peut gagner, compte tenu de ses moyens et de ses capacités. Si tout le monde avait les mêmes possibilités de choix partout, la mondialisation devrait impliquer une homogénéisation des revenus à l'échelle de la planète entière. Or ce n'est pas le cas. Si vous êtes dix fois plus riche qu'un paysan africain qui loue sa force de travail sur un champ de coton, vous pouvez investir et gagner beaucoup plus que dix fois ce qu'il gagne. L'écart entre vos revenus et ceux de ce paysan a toutes les chances de s'amplifier de manière irréversible. Lorsque George Soros joue sur les marchés financiers à coups de milliards de dollars, son espérance de gain est incommensurable avec celle d'un petit porteur, il est capable, à lui tout seul, d'influer sur le cours des monnaies. L'économie est donc régie par des lois qu'on appelle « non linéaires » parce que les effets ne sont pas proportionnels aux causes. Or la non-linéarité des lois est l'ingrédient essentiel du chaos. Si les lois de l'hydrodynamique n'étaient pas non linéaires, on pourrait superposer de nombreux mouvements sans qu'ils s'influencent les uns les autres.

Je ne suis pas certain que l'on sache exactement prédire si un système est chaotique ou pas, mais lorsqu'il a beaucoup de paramètres, et lorsqu'il obéit à des lois non linéaires, il a toutes les chances de l'être. Or non seulement c'est bien le cas de l'état économique du monde, mais si l'on regarde les fluctuations des cours de la Bourse ou celles du prix des matières premières, il saute aux yeux que c'est un bruit aléatoire, quels que soient les tendances générales ou les cycles qui peuvent s'y superposer. Ces fluctuations des marchés financiers ont même en commun avec la turbulence hydrodynamique de présenter ce qu'on appelle des phénomènes « intermittents ». Le hasard en économie n'est pas aussi simple que lorsqu'on joue aux dés. On sait bien qu'il y a aussi de très graves crises, des krachs boursiers. Or, comme les tempêtes ou les tremblements de Terre, ces événements de grande amplitude sont beaucoup moins rares qu'ils devraient l'être s'il s'agissait de phénomènes aléatoires simples. Ces crises graves perturbent les marchés pendant un certain temps, de même que les tremblements de Terre ou les graves tempêtes ont des répliques.

Ainsi, l'évolution des variables économiques est-elle très vraisemblablement, comme celle de l'atmosphère, chaotique, c'est-à-dire sensible aux conditions initiales et donc imprédictible. Or, en ce qui concerne l'économie, Gérard Jorland a raison de remarquer que les conditions initiales sont très difficiles à mesurer, ne serait-ce qu'à cause des fluctuations des monnaies[49]. De plus, on connaît les lois de l'hydrodynamique ou celles de la gravitation alors qu'on ne dispose pas, autant que je sache, d'un modèle mathématique global de l'économie qui permettrait de calculer son évolution à partir de son état à un moment donné. Je ne crois donc pas que les économistes puissent réellement calculer l'évolution de leurs variables. Cela n'empêche peut-être pas l'économie d'avoir un certain caractère scientifique, ne serait-ce qu'à cause de la rigueur avec laquelle les économistes critiquent leurs propres théories.

---

49. Gérard Jorland, *Les Paradoxes du capital*, Paris, Odile Jacob, 1995.

« Mais si vous ne faites pas de prédictions comment faites-vous pour répondre aux demandes d'avis du Premier ministre ? », ai-je demandé à Daniel Cohen. Il me répondit qu'en fait les économistes donnent des avis à partir de la connaissance empirique des effets que peuvent produire telle ou telle décision politique dans des situations semblables. J'ai compris ainsi que les économistes sont un peu dans la situation des météorologues d'avant 1950 qui ne savaient faire mieux que des prédictions à partir de la moyenne du temps passé. Ils n'ont sans doute guère d'autre choix. Reste à savoir si les situations qu'ils considèrent comme semblables le sont suffisamment.

Une question supplémentaire se pose donc : si les économistes disposaient d'un modèle mathématique global de l'économie, pourraient-ils faire des prédictions fiables ? Comme en météorologie, serait-ce possible au moins à court terme ? Tout dépendrait du degré de chaos de l'économie.

L'atmosphère n'est pas le seul fluide turbulent, loin de là. J'ai cité le cas surprenant des planètes du système solaire, dont le chaos ne se manifeste qu'à l'échelle de la centaine de millions d'années. On pourrait penser aussi au magnétisme terrestre. En effet, nous avons tous l'impression que nos boussoles indiquent le même nord depuis et pour toujours. Mais ce magnétisme terrestre provient du mouvement de convection du noyau de fer liquide qui occupe l'intérieur de la Terre à des profondeurs comprises entre 2 900 et 5 150 km. Comme tout courant électrique, ce mouvement de métal en fusion génère un champ magnétique. On est en passe de reproduire cet effet en laboratoire aujourd'hui et l'on a compris que la turbulence du noyau de la Terre était essentielle à l'apparition spontanée de son champ magnétique.

Or cette turbulence interne de la Terre a une conséquence remarquable que l'on a vérifiée. Notre champ magnétique n'est pas stable du tout à des échelles de temps géologiques ; il s'est inversé de façon aléatoire une vingtaine de fois en quelques millions d'années comme si l'écoulement de l'énorme masse de fer liquide changeait tout à coup de sens. Enfin, rassurez-vous, à l'échelle d'une vie humaine, votre boussole ne devrait pas changer de sens et vous envoyer en Antarctique si vous souhaitez aller au Groenland.

Ainsi, selon le système chaotique considéré, les échelles de temps auxquelles le comportement est imprédictible varient de la semaine (l'atmosphère) au million d'années (le noyau terrestre) ou à la centaine de millions d'années (le système solaire en entier).

Si l'on admet donc que l'état de l'économie, qu'elle soit française ou mondiale, est chaotique, on comprend naturellement qu'il puisse être imprédictible, mais à quelle échelle de temps ? Voilà une question qui me paraît très intéressante et je doute que les économistes sachent y répondre. Mais qui sait, de grands progrès en ce domaine sont peut-être en préparation. Si oui, la comparaison de l'économie avec la météorologie devrait se préciser.

Ainsi, le chaos fait régulièrement la une des journaux scientifiques en ce début de millénaire. Pendant ce temps, le bruit des tempêtes politiques emplit les radios, l'étirement des peuples et leurs replis temporaires derrière de fragiles frontières alimentent commentaires et analyses dans les quotidiens. Singulière coïncidence.

10

Autres pommes

J'ai beau essayer de me convaincre que le texte de la Bible est poétique, que son écriture n'est pas à prendre au pied de la lettre, j'ai beaucoup de mal à lire la Genèse, au début de l'Ancien Testament, sans réagir. Pour les juifs comme pour les chrétiens ce texte est sacré :

Dieu fit à l'homme ce commandement : « Tu peux manger de tous les arbres du jardin. Mais de l'arbre de la connaissance du bien et du mal, tu ne mangeras pas, car, le jour où tu en mangeras, tu mourras certainement. » [...] La femme vit que l'arbre était bon à manger et séduisant à voir, et qu'il était, cet arbre, désirable pour acquérir l'entendement. Elle prit de son fruit et le mangea. [...]

Ils entendirent le pas de Yahvé Dieu qui se promenait dans le jardin. [...]

Yahvé dit à la femme : « Qu'as tu fait là ? [...] Je multiplierai les peines de tes grossesses, dans la peine tu enfanteras des fils. » […] À l'homme il dit : « Parce que tu as écouté la voix de ta femme et que tu as mangé de l'arbre dont je t'avais interdit de manger, maudit soit le sol à cause de toi ! […] À la sueur de ton visage tu mangeras ton pain, jusqu'à ce que tu retournes au sol, puisque tu en fus tiré[50]*… »*

En somme, Ève était curieuse. Elle désirait connaître le bien et le mal « pour acquérir l'entendement ». Quant à Adam, ce dieu autoritaire lui reprochait sévèrement d'avoir écouté Ève, née de sa côte pour lui faire « une aide qui lui soit assortie ».

Et pourtant, la curiosité n'est-elle pas une magnifique qualité ?

Beaucoup interprètent ce texte en un sens restreint, assimilant le bien à la chasteté et le mal à la sexualité, d'où l'idée qu'en croquant la pomme, c'est-à-dire en étant curieuse du désir qu'elle inspirait à Adam, Ève aurait commis le péché originel. Même en admettant une interprétation aussi simpliste, j'avoue m'insurger contre une morale aussi austère et irréaliste. Quoi de plus légitime, de plus respectueux pour l'autre, dans une relation amoureuse, que de s'intéresser à son plaisir ? Faut-il développer sa sensibilité et partager le bonheur ou se condamner à souffrir et donc à faire souffrir son entourage ?

Mais bien sûr, dans ce texte, la « connaissance du bien et du mal » est une manière de parler de la connaissance tout court. Ce qu'Ève revendique, c'est l'autonomie de pensée, le droit de comprendre *par elle-même* ce qui est bien ou mal. Et d'ailleurs, le texte le dit : l'« entendement », c'est la compréhension de toutes choses. Bravant l'interdit, Ève exprimait l'orgueilleux désir de penser donc de comprendre : le bien et

50. *La Sainte Bible*, traduite en français sous la direction de l'École biblique de Jérusalem, Éditions du Cerf, Paris, 1955.

le mal pour commencer peut-être, puis tout le reste ensuite. Or ceci, Yahvé se le réservait.

Ève aurait dû se contenter d'écouter la loi divine, mais elle voulait faire de la recherche et ce n'était pas du goût de Yahvé !

Est-il utile d'insister ? Si c'est bien cela, le péché, je suis carrément pour. Comprendre comment le monde s'est formé, comment la vie a pu apparaître dans l'un de ses coins, c'est l'objet de ma saine curiosité, ce sont les pommes que ce livre vous propose de croquer. Et je vous invite d'autant plus à partager mon goût pour les pommes de la connaissance, que la science contemporaine ne cesse d'en découvrir de nouvelles, fraîches et excitantes.

À propos de pommes et de la manière dont certains chercheurs affrontent aujourd'hui les mystères de l'apparition des formes dans la nature, j'aime particulièrement les travaux de Stéphane Douady et Yves Couder.

Douady et Couder travaillent dans le même laboratoire de physique que moi, à l'autre bout du couloir. Au début des années 1990, dans ce lieu où la rigueur scientifique n'empêche ni la fantaisie ni le plaisir des yeux, ils se sont mis à regarder des pommes de pin[51].

Autour de la base s'enroulent des écailles qui semblent arrangées en spirales. L'œil voit ces spirales en associant les écailles de proche en proche, mais il peut le faire de deux manières différentes, selon que les spirales tournent à droite ou à gauche.

Comme Douady et Couder, comptons ces spirales ! Sur la figure ci-contre, vous allez en trouver 8 dans un sens et 13 dans l'autre. Si vous aviez compté les spirales d'un cèdre, dont les pommes sont plus petites, avec des écailles plus serrées, vous en auriez trouvé 5 dans un sens et 8 dans l'autre ; quant aux cyprès, ils sont plutôt de la famille des 3 et 5. Étranges, ces nombres, non ?

Comme Douady et Couder, recommencez avec une fleur de tournesol, une belle fleur bien ouverte et mûre, qu'aucun accident de croissance n'aura endommagée. Vous devriez trouver 21 spirales dans un sens et 34 dans l'autre, ou 34 et 55, ou encore 55 et 89, ou même 89 et 144 si la fleur est vraiment grande, jamais d'autres nombres. Décidément étrange ! Les tournesols auraient-ils mieux appris à compter que les conifères, ou encore que les ananas, les troncs de palmiers et certaines fleurs de camélias, lesquels nous montrent tous l'harmonieux croisement de 8 spirales par 13 autres ?

Peut-être avez-vous déjà reconnu que ces nombres appartiennent à la « suite de Fibonacci ». En 1202, le mathématicien Fibonacci comptait une population de lapins qui se

51. S. Douady et Y. Couder, *Physical Review Letters*, 68, 2098, 1992.

reproduisaient à partir d'un couple de départ. Il trouva cette suite dont chaque nombre est la somme des deux précédents : en commençant par 1 puis 1, on obtient en effet 1 + 1 = 2, puis 1 + 2 = 3, 2 + 3 = 5, 3 + 5 = 8, 5 + 8 = 13, puis 21, 34, 55, 89,144 et ainsi de suite.

Mais comment la nature peut-elle bien trouver des nombres aussi particuliers ? Il est tout de même difficile d'imaginer que de telles mathématiques, qu'elles datent du XIIIe siècle ou pas, soient codées dans les chromosomes des plantes. Mais alors, la forme des êtres vivants ne serait pas une pure affaire de génétique ? Les mathématiques se mêleraient de biologie ? Douady et Couder, en expliquant comment la suite de Fibonacci apparaît dans l'évolution de certains systèmes dynamiques, dont les plantes ne sont qu'un exemple, se sont permis de montrer que, dans la nature, des processus physiques simples sont à l'origine de la sélection de la forme de certains êtres vivants. Et si cette découverte ne date que de 1992, c'est évidemment que tout ce problème, qui intriguait les scientifiques depuis un siècle et demi, n'était pas si facile à résoudre. Personnellement, je trouve d'autant plus de plaisir à tenter de le comprendre. Au passage je vous invite à un peu d'histoire des sciences.

La carrière de Leonardo Fibonacci n'est pas banale. Il naquit à Pise en 1170 et y mourut en 1250. C'était le fils de Guglielmo Bonacci, ambassadeur en Afrique du Nord des marchands de Pise, et Fibonacci était l'un de ses surnoms. Comme il ne se sentait pas l'âme commerçante, il se faisait aussi appeler Leonardo Bigollo Pisano (littéralement : « Bon à rien de Pise »). M. Bonacci père avait donc incité son original de fils à apprendre les mathématiques auprès des Arabes, pensant que cela pourrait lui être utile pour sa comptabilité. Et Fibonacci resta jusqu'à l'âge de trente ans dans une ville qui allait devenir Bougie dans l'Algérie d'aujourd'hui, au contact des plus grands mathématiciens de l'époque. Il y conçut la supériorité des chiffres et de la numération décimale que les Arabes avaient importés d'Inde.

À cette époque, de Bagdad à l'Afrique du Nord, les grands savants arabes inventaient l'algèbre, c'est-à-dire le calcul formel, et bien d'autres choses : songeons à tous ces mots dérivés de l'arabe que sont algorithme, alambic, alchimie… Lorsqu'il rentra à Pise, Fibonacci introduisit donc les chiffres indo-arabes et le système de numération décimal en Europe, où ils furent définitivement adoptés ; il mit ainsi un terme à l'utilisation des chiffres romains. Une révolution. Il devait aussi, comme ses maîtres arabes, étudier les œuvres d'Euclide, et se rendre célèbre dans toute l'Europe pour son œuvre personnelle, au point d'obtenir un salaire de Frédéric II, empereur germanique devenu roi de Sicile et même de Jérusalem à la faveur d'une croisade en ces terres lointaines (la sixième du genre).

L'intérêt pour la suite de Fibonacci rebondit quatre siècles plus tard lorsque Kepler la relia au nombre d'or d'Euclide, ce que Fibonacci lui-même n'avait pas encore compris. Ce nombre d'or est la proportion considérée comme idéale par différents peintres et architectes qui vont de Léonard de Vinci à Le Corbusier, et qui pensent l'avoir trouvée dans les pyramides d'Égypte, le Parthénon à Athènes, la forme du corps humain bien sûr, etc.

Euclide, qui a peut-être vécu à Alexandrie de 325 à 265 avant notre ère, mais qui est peut-être aussi le pseudonyme d'un groupe de mathématiciens de l'époque[52], introduisit ce nombre en cherchant une manière harmonieuse de diviser un segment : on peut choisir un point C entre les extrémités A et B de ce segment (voir ci-dessus), de telle sorte que AC/AB = BC/AC. Cette question de proportion semble avoir déjà préoccupé Pythagore (né en 569 à Samos, une île ionienne grecque près de la Turquie, mort en 475, avant notre ère bien sûr), mais c'est Euclide qui trouva que ce nombre valait $(\sqrt{5} - 1)/2 = 0{,}618\ldots$; puis il remarqua que c'était aussi le rapport du côté d'un pentagone régulier convexe à sa diagonale (voir ci-dessous EF/EG). C'est en inscrivant l'« homme de Vitruve » dans un pentagone que Léonard de Vinci montra que l'homme avait des proportions idéales, avec tous les sous-entendus que l'on imagine. Or Kepler découvrit que le rapport de deux nombres successifs de la suite de Fibonacci (3/5 puis 5/8 puis 8/13, etc.) tend vers le nombre d'or quand on avance dans la suite.

52. C'est ce que propose le groupe de mathématiciens français qui fit de même au XXe siècle sous le nom de Nicolas Bourbaki.

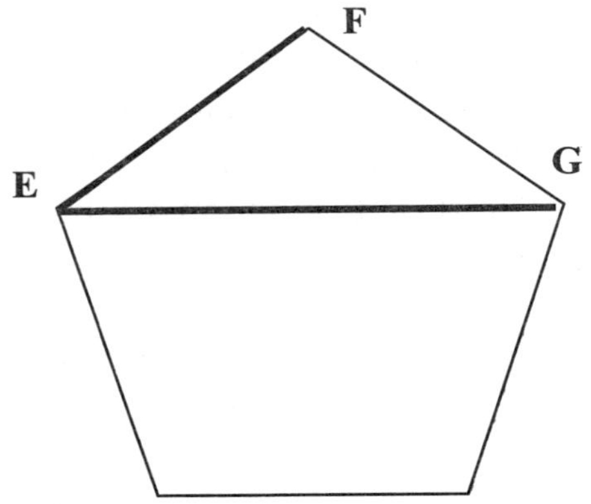

Depuis vingt-cinq siècles, ce nombre est donc une sorte de symbole de rigueur et de beauté.

J'imagine que Douady et Couder savaient tout cela, mais ils ont commencé par lire les travaux des frères Bravais. Auguste Bravais était physicien et, dix ans avant de se rendre célèbre pour sa classification des cristaux, il s'était intéressé aux plantes. Sans doute était-ce parce que son frère Louis était botaniste. C'est donc ensemble, en 1837, qu'ils découvrirent que le nombre d'or apparaissait dans la forme des plantes (la « phyllotaxie »). Le mérite de Douady et Couder est d'avoir expliqué que l'irruption de Fibonacci et du nombre d'or dans la phyllotaxie est une conséquence des conditions physiques du développement des cellules végétales.

Comme les plantes, les fleurs croissent par multiplication de cellules autour d'une pointe qu'on appelle un « apex ». À côté de cet apex, à une certaine distance, apparaissent des bourgeons qui sont les précurseurs des futures feuilles, pétales, écailles de pommes de pin, ou futures graines de tournesol qu'on appelle des « fleurons ». Au fur et à mesure que la croissance se développe, l'apex avance, laissant derrière les bourgeons. Or chaque nouveau bourgeon, pour naître près de l'apex, a besoin d'espace, comme si ses voisins le repoussaient à courte distance. Si la fréquence d'apparition de ces bourgeons est très lente, chaque nouveau bourgeon n'est repoussé que par un seul autre, le dernier-né, car la croissance a déjà beaucoup éloigné les précédents. Le nouveau bourgeon ne se préoccupe donc que du précédent et apparaît à son opposé. L'angle entre deux bourgeons successifs qui émergent autour de l'apex est donc 180 degrés : les plantes qui poussent suffisamment lentement ont des feuilles alternées sur leur tige. Mais si la fréquence d'apparition est un peu plus élevée, chaque nouveau bourgeon ressent la répulsion de plusieurs bourgeons précédents, et la configuration alternée n'est pas la meilleure : les bourgeons se décalent afin d'être le plus loin possible de plusieurs autres. L'angle entre deux bourgeons successifs est inférieur à 180 degrés. On peut mesurer cet angle à condition de repérer l'ordre dans lequel les bourgeons successifs sont apparus. Les frères Bravais ont découvert que cet angle est proche de 137,5 degrés, c'est-à-dire 360 multiplié par un moins le nombre d'or, ce qu'on appelle l'« angle d'or » ou la « section d'or ». Ensuite, la croissance continue et les bourgeons s'éloignent de l'apex central mais leurs angles se conservent.

Afin d'étudier comment des règles de croissance simples pouvaient aboutir à ces spirales dorées, Douady et Couder ont d'abord fait une expérience de physique. Elle consistait à faire pleuvoir des gouttes d'un liquide magnétique au milieu d'un récipient contenant un peu d'huile. Sous l'effet d'un champ magnétique extérieur, d'une part les gouttes se repoussaient les unes les autres, d'autre part elles étaient attirées vers l'extérieur, ce qui les éloignait lentement du centre. Les gouttes étaient donc l'équivalent des bourgeons successifs, et leur lent déplacement vers l'extérieur du bain d'huile correspondait au déplacement de ces bourgeons pendant la croissance de la plante.

En faisant tomber les gouttes magnétiques une par une, très lentement, ils trouvèrent bien que chacune partait à l'opposé de la précédente. Mais, en faisant pleuvoir leurs gouttes de plus en plus vite, ils constatèrent que les gouttes s'arrangeaient en spirales croisées, d'abord 3 et 5 spirales, puis 5 et 8, 8 et 13, etc. Au fur et à mesure que la fréquence augmentait, la distance entre chaque nouvelle goutte et la précédente diminuait, les gouttes étaient de plus en plus serrées, et étaient donc repoussées par un nombre de plus en plus grand d'autres gouttes ce qui forçait l'ensemble des gouttes déposées à la surface de l'huile à effectuer ce qu'ils considéraient comme des bifurcations successives entre des motifs comprenant 3 et 5, puis 5 et 8, puis 8 et 13 spirales, et ainsi de suite. Ce modèle d'occupation de l'espace à partir de deux règles physiques simples – une répulsion entre gouttes et une dérive lente vers l'extérieur – étant facile à simuler sur un ordinateur, ils firent une expérience numérique qu'ils purent extrapoler jusqu'à une pluie infiniment rapide, démontrèrent que ce qui comptait finalement pour la sélection de la forme, c'était simplement la distance entre les gouttes successives, et purent continuer la suite de Fibonacci jusqu'à l'infini, trouver ainsi que l'angle d'apparition entre deux gouttes successives tendait vers l'angle d'or, c'est-à-dire 360 (1 – 0,618) = 137,5 degrés.

Dans un commentaire sur ces résultats paru en 1995, Ian Stewart ajoute une remarque qui me paraît intéressante[53] parce qu'elle fait mieux comprendre pourquoi le nombre d'or intervient. Si les bourgeons apparaissaient alternativement

53. « Mathematical recreations », *Scientific American*, janvier 1995, p. 76.

d'un côté puis de l'autre, que leur angle d'apparition successive était 180 degrés, on voit bien que le motif serait deux demi-droites.

Si cet angle était une fraction simple de 360 degrés, par exemple 1/3 soit 120 degrés, les bourgeons seraient arrangés selon trois lignes en étoile. Avec un angle égal à 360 x (3/8) = 135 degrés, on trouve une étoile à 15 branches. De fait, pour tout angle égal à une fraction de deux nombres entiers, on obtient une étoile régulière et, à suffisamment grande distance du centre, cette disposition étoilée n'est pas compacte : il apparaît des espaces vides entre les bourgeons loin du centre.

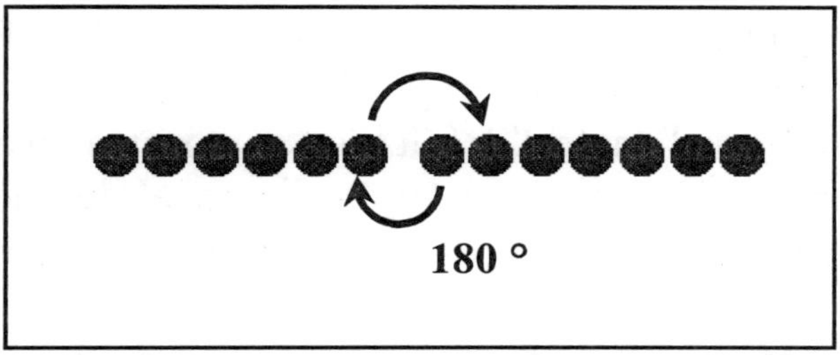

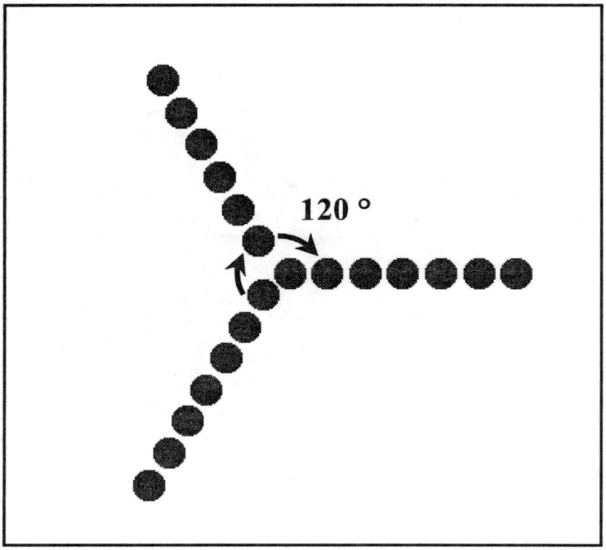

Afin de mieux remplir l'espace disponible, il est préférable que l'angle d'apparition ne soit pas ce qu'on appelle un nombre rationnel, c'est-à-dire un rapport de deux nombres entiers. Or il se trouve que le nombre d'or est le nombre le plus irrationnel, le plus différent d'un nombre rationnel. Tout nombre irrationnel comme $\sqrt{2}$, $\sqrt{5}$, π ou autres peut être obtenu comme limite d'une suite de nombres rationnels, mais il se trouve qu'on ne peut pas trouver une suite de fractions entières qui tende rapidement vers le nombre d'or. Les rapports successifs de nombres de la suite de Fibonacci s'en approchent, mais lentement, et Ian Stewart explique ainsi que les motifs obtenus avec l'angle d'or sont particulièrement différents des étoiles régulières, donc les plus compacts. Le dessin ci-dessous, construit avec un angle d'apparition des bourgeons successifs égal à l'angle d'or fait bien apparaître un ensemble de spirales croisées qui remplit l'espace de façon plus compacte qu'avec 135 degrés, un angle pourtant très voisin.

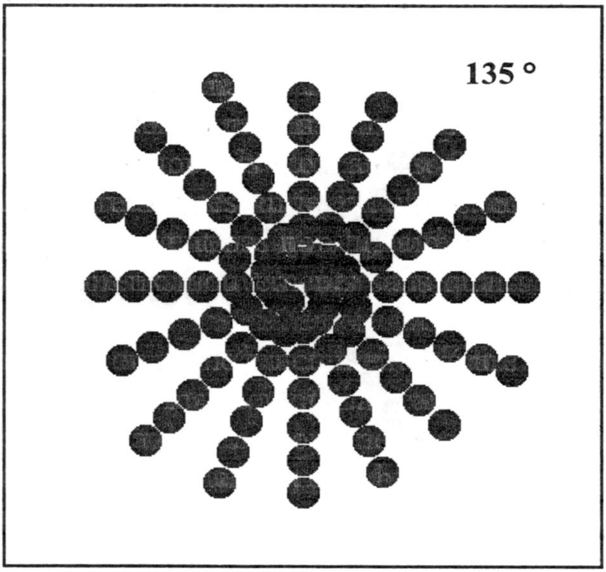

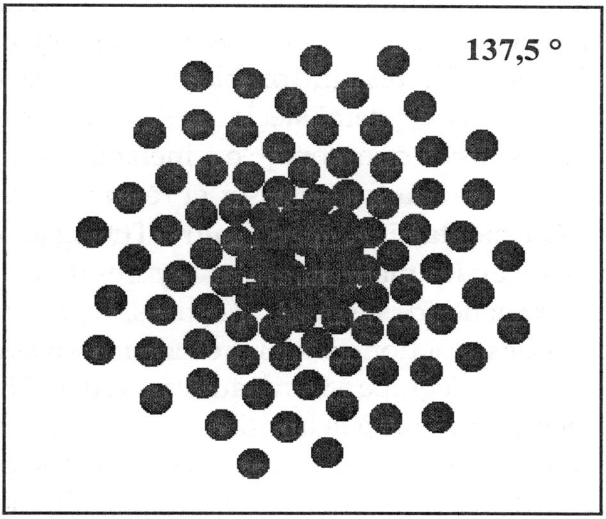

Ainsi, ce qui pouvait apparaître comme un mystère magnifique de la création résultait en fait de la mise en œuvre de deux petites règles physiques simples, et de l'existence d'un nombre particulier, le nombre d'or. La biologie ne jouait donc aucun rôle ? Une preuve que tout n'est pas biologique, à part le fait que les gouttes de Douady et Couder n'avaient pas de chromosomes, en est que, si l'on incise l'apex, on peut forcer une plante qui pousse d'habitude avec des feuilles alternées à pousser avec des feuilles qui s'enroulent en spirales. Inversement la biologie joue nécessairement un rôle puisque tous les cyprès font des pommes à 3 et 5 spirales alors qu'aucun tournesol ne le fait. D'après Douady et Couder, la biologie n'intervient que pour déterminer la vitesse de croissance et la répulsion entre bourgeons, qui sont des affaires de chimie codées dans les chromosomes. Leur grand mérite est donc d'avoir resitué le problème des spirales végétales dans le cadre général des systèmes dynamiques, un domaine de la physique en pleine activité aujourd'hui.

De fait, l'organisation spontanée d'un système dynamique, dont l'évolution dans le temps et dans l'espace obéit à certaines lois simples, est un problème qui préoccupe les scientifiques depuis un demi-siècle. Dès 1952 par exemple, Alan Türing[54] pensait que, lorsqu'on mélange des produits chimiques qui vont à la fois diffuser et réagir entre eux, des motifs peuvent spontanément apparaître. Türing pensait déjà aux spirales végétales mais aussi aux rayures de la peau des zèbres ou aux taches de celle des léopards. La formation de spirales dans des réactions chimiques allait être découverte par V. Castets et son équipe à Bordeaux en 1990. Voilà un sujet de recherches qui se situe à la frontière entre au moins quatre disciplines, la biologie, la chimie, la physique et les mathématiques, l'un des plus beaux exemples récents, à mon avis, de véritable interdisciplinarité, c'est-à-dire de progrès scientifique qui intéressent à la fois plusieurs branches de la science. Ces recherches sont aujourd'hui de plus en plus ambitieuses.

Ainsi, certains physiciens se demandent comment une protéine ou une longue molécule d'ADN peut se replier pour adopter une forme particulière dans les trois dimensions de l'espace, par exemple une pelote en forme d'X ou d'Y, d'autant que cette forme contrôle l'expression des gènes. L'étude des agents responsables de la maladie de la vache folle montre qu'une molécule biologique peut devenir pathogène si sa forme change. On progresse rapidement dans la compréhension de ces formes : on reconnaît par exemple dans la séquence de l'ADN des maillons faibles plus faciles à plier que d'autres et l'on espère bientôt comprendre comment toute la molécule d'ADN adopte sa forme naturelle dans nos cellules.

---

54. Türing devait surtout se rendre célèbre en inventant la « machine de Türing », un concept d'ordinateur.

On se demande aussi comment se développe un embryon : qu'est-ce qui est codé et qu'est-ce qui ne l'est pas ? En appuyant légèrement sur un embryon de mouche, au tout début de son développement, on provoque l'apparition de deux ventres au lieu d'un, donc, une fois de plus, tout n'est pas codé. Au cours d'un développement normal, qu'est-ce qui conduit à l'apparition d'une orientation (il y a un avant, une tête, et un arrière, une queue) puis de segments, par exemple un certain nombre de paires de pattes ou d'anneaux chez les insectes ? Est-ce à nouveau un problème de réaction-diffusion de substances chimiques ? Ces questions sont ouvertes et d'une grande actualité.

À ma manière, en étudiant le facettage des cristaux, je m'attaquais aussi à une question de formes, beaucoup moins complexe en apparence. C'était néanmoins difficile et intéressant, mais pour des raisons plus spécifiquement liées à la physique des surfaces, de leurs fluctuations, du rôle de l'agitation thermique. Je restais donc à l'intérieur du cadre strict de la physique. Il n'empêche, à bien y réfléchir, je crois qu'en cherchant à comprendre des formes diverses, je raisonnais en physicien puisque j'élaborais un modèle simple, général et prédictif mais, au fond, je cherchais moi aussi à démystifier l'origine de la diversité des formes dans la nature, à remplacer du mystérieux par du physique simple.

Bien sûr, je ne dis pas que l'on va comprendre demain toutes les étapes qui permettent à un embryon qui se développe à partir d'une première cellule de devenir un être humain avec sa tête, ses bras et jambes, sa capacité de faire de la physique ou de rester en équilibre sur une bicyclette, loin de là, mais la science progresse rapidement en ce domaine et plus aucun scientifique ne considère les formes naturelles comme d'insondables mystères de la création.

11

Des pianos au soleil

Enrico Fermi (1901-1954) avait commencé ses études à Pise. Il fut non seulement l'un des grands théoriciens de la physique statistique quantique et de la radioactivité artificielle, mais aussi un expérimentateur de très grand talent en physique nucléaire. Lorsqu'il reçut le prix Nobel en 1938 (il avait trente-sept ans !), il décida de ne pas rentrer en Italie où sa femme, d'origine juive, était en danger. Il émigra aux États-Unis et fut nommé professeur à l'Université Columbia (New York) en 1939. Il poursuivit ses recherches sur la radioactivité à Chicago et participa ensuite, comme beaucoup de physiciens américains, à l'élaboration des bombes de Hiroshima et Nagasaki, dans le cadre du projet Manhattan.

Fermi aimait tester les capacités de réflexion de ses élèves avec des questions du type : « Combien y a-t-il d'accordeurs de pianos à Chicago ? » Voilà, assurément, un genre de question qui désarçonnerait plus d'un lycéen français aujourd'hui.

– Ce n'est pas au programme !

– Mais je n'en sais rien !

Est-ce si difficile ? Réfléchissons ! Combien de gens habitaient à Chicago à la fin des années 1930 ? Disons 3 millions ? Et quelle pouvait bien être la proportion de ceux qui possédaient un piano ? Allez, un pour cent. Il y aurait donc eu environ 30 000 pianos à Chicago à cette époque ; cela paraît vraisemblable. Et ces pianos s'accordant environ une fois par an, cela fait 30 000 accords à faire par an. Combien de pianos un accordeur doit-il accorder par an pour vivre décemment ? Transposons cela à l'époque actuelle : si un accord rapporte environ 50 euros à l'accordeur, il lui en faut environ une quarantaine par mois pour gagner 2 000 euros, disons 500 par an ? Au bout du compte, le marché des accords de pianos dans une telle ville devait permettre à 30 000 divisé par 500, soit une soixantaine d'accordeurs de pianos d'y vivre.

Ce calcul est évidemment grossier. Cependant, il ne peut pas être complètement faux. Grâce à quelques hypothèses vraisemblables, nous avons obtenu un nombre dont l'ordre de grandeur devrait être exact. En anglais, « *an order of magnitude* », c'est une fourchette dont la borne supérieure est dix fois plus grande que la borne inférieure. Je parie donc que le vrai nombre des accordeurs de pianos à Chicago devait être compris entre 20 et 200. Pour des raisons culturelles, il a malheureusement dû décroître depuis l'époque de Fermi.

Nous aurions pu aussi supposer qu'un accordeur passe 3 heures, voyage compris, pour accorder un piano et travaille 36 heures par semaine, 50 semaines par an, nous aurions trouvé 600 accords de pianos par accordeur et par an, donc 30 000/600 = 50 accordeurs à Chicago.

Objection : mais il y a aussi les pianos de concert. Combien de concerts avec pianos ont lieu chaque soir à Chicago ?

Deux ? Cela ferait donc 700 accords supplémentaires par an, une correction négligeable par rapport aux 30 000 considérés au début de notre enquête. Même en supposant qu'il y ait 4 pianos de concert à accorder chaque soir, cela ne ferait que 1 400 par an, et cela resterait faible, environ 5 %. Objection rejetée.

Le physicien raisonne ainsi. Il commence par trouver un ordre de grandeur du phénomène qui l'intéresse. Il soumet ensuite son résultat à l'épreuve de la critique. Il vérifie que ses approximations sont justifiées. Il confronte aussi son raisonnement à des expériences. Il aura envie, par exemple, de prendre un annuaire de téléphone et de chercher dans un nombre de pages limité combien il trouve vraiment d'accordeurs, puis d'effectuer une règle de trois après avoir regardé quel est le nombre total de pages de l'annuaire.

Mais ce problème de pianos est évidemment simpliste. Il ne s'agit ici que d'estimer la grandeur d'un nombre, pas de tester une théorie.

Cela ne signifie pas que cette attitude soit inutile. Au contraire. Par exemple : les éoliennes représentent-elles une source d'énergie susceptible de remplacer le pétrole qui réchauffe la planète ou le nucléaire dont on ne sait trop que faire des déchets ? Raisonnons à la Fermi.

Une éolienne géante étale ses ailes sur un diamètre d'environ 50 mètres. Elle peut produire une puissance électrique maximale d'un million de watts (1 MW). Mais, pour cela, il ne faut pas que le vent soit trop faible car l'éolienne ne tournerait pas ; il ne faut pas qu'il souffle trop fort non plus, car elle se briserait. Par ailleurs, le vent souffle en rafales, pas en continu. Supposons donc que les conditions optimales soient réunies pendant un quart du temps grâce à une situation judicieusement choisie, par exemple le long des côtes ouest de la France où le vent est abondant et relativement stable. Chaque éolienne bretonne fournirait donc environ 0,25 MW. Or il y a en France une soixantaine de centrales nucléaires qui produisent chacune environ 1 GW (un gigawatt, c'est-à-dire un milliard de watts). Donc les centrales nucléaires françaises produisent environ 60 GW, 80 % de l'électricité française (un peu plus, en fait, et cela augmente tous les ans). Pour remplacer toutes ces centrales, il faudrait donc au moins 60 GW/0,25 MW = 240 000 éoliennes.

Holà ! 240 000 éoliennes de 50 mètres de diamètre cela ferait un ligne compacte de 12 000 km de long ! Même en construisant 1 200 km d'hélices géantes, ce qu'aucun amateur de bords de mer n'est prêt à accepter, on ne réussirait à remplacer qu'un dixième du parc de centrales nucléaires français[55]. En construire quelques-unes pour voir, peut être, prétendre en faire une source d'énergie importante, je ne peux pas y croire.

Ce calcul d'ordre de grandeur est indispensable en de nombreuses circonstances. Je regrette donc que tout un chacun, homme politique ou militant de la défense de la nature, n'ait pas l'habitude de raisonner ainsi. Et ce n'est pas une simple question d'état d'esprit. L'avenir énergétique de notre planète est un problème complexe qui exige du bon sens pour commencer (d'où mon exemple des éoliennes), mais aussi un certain courage politique et scientifique pour identifier les vrais problèmes et voir comment on peut essayer de les résoudre, sans trop d'*a priori* bien que tout un chacun ait son idée sur la question. C'est peut-être le lieu et l'occasion d'en parler un peu.

55. En fait, on est obligé d'espacer ces éoliennes au moins tous les 200 mètres si l'on veut optimiser leur rendement et c'est donc 5 000 km d'éoliennes qu'il faudrait pour remplacer 6 centrales nucléaires et produire 8 % seulement de l'électricité nécessaire à la France.

L'humanité se retrouve comme Ulysse, entre Charybde et Scylla. Comment choisir entre deux dangers ? Doit-on continuer à brûler des combustibles fossiles, c'est-à-dire du pétrole, du gaz et du charbon, et bouleverser ainsi notre climat, ou construire de nombreuses centrales nucléaires alors qu'on ne sait toujours pas très bien que faire des déchets qu'elles produisent ? À l'aube du XXIe siècle, tel semble être le dilemme auquel notre société se trouve confrontée. Même si beaucoup de gens ignorent totalement que nous avons à résoudre ce redoutable problème dans les quelques décennies qui viennent, beaucoup d'autres ont une opinion déjà très arrêtée sur la question : certains parlent d'énergies alternatives, d'autres sont pour le nucléaire, d'autres sont résolument contre... Dans ce débat complexe, face à des problèmes scientifiques et techniques difficiles, il est du devoir des physiciens d'informer le public et de contribuer à chercher des solutions. Avec quelques chiffres en main, on comprend déjà beaucoup de choses.

La consommation mondiale d'énergie augmente sans arrêt. En l'an 2000, elle atteignait 14 000 gigawatts pour 6 milliards d'habitants, soit environ 2 kilowatts par habitant, mais en fait beaucoup moins dans les pays pauvres et beaucoup plus dans les pays riches (5 kW par habitant en France, 11 kW aux États-Unis d'Amérique). D'où tirons-nous toute cette énergie ? Environ 32 % proviennent du pétrole, 26 % du charbon et 19 % du gaz, ce qui fait 77 % de combustibles fossiles non renouvelables, le reste se répartissant entre 5 % d'origine nucléaire, 6 % pour l'hydroélectrique (les barrages), 10 % pour ce qu'on appelle la biomasse (essentiellement le bois) et 1 à 2 % seulement pour d'autres énergies qui sont, elles, renouvelables, comme le solaire et les éoliennes[56]. Or il

56. Pour plus de détails, voir par exemple le site http://sfp.in2p3.fr/Debat/debat_energie, de la Société française de physique.

ne fait plus aucun doute que brûler tant de combustibles fossiles a déjà conduit à une augmentation sensible de la température de la Terre, à cause d'une modification importante de la composition de l'atmosphère. Même en France, où les chiffres sont différents de la moyenne mondiale puisque 39 % de l'énergie totale consommée (80 % de l'électricité) vient du nucléaire, le problème du réchauffement global se pose de manière urgente. Grâce à de nombreux satellites qui observent en permanence ce que nous sommes en train de faire subir à la planète, ce réchauffement et ses causes sont désormais connus avec certitude.

Il est dû à ce qu'on appelle l'« effet de serre », plus précisément à son augmentation. On met les plantes sous serre pour les réchauffer. Le rayonnement visible du soleil entre facilement à travers les vitres (ou les bâches plastiques) mais en ressort difficilement. C'est parce que, à l'intérieur de la serre, les plantes, les gens, le sol et les objets l'absorbent puis le réémettent sous forme d'infrarouges. Or cette lumière non visible ne ressort pas à travers les vitres qui sont opaques dans cette partie du spectre. De la même façon, l'atmosphère laisse passer la lumière visible du soleil qui atteint le sol, mais ne laisse pas ressortir l'infrarouge à cause de certains gaz qu'y s'y trouvent, par exemple la vapeur d'eau, le dioxyde de carbone CO_2, le méthane CH_4, etc.

Cet effet de serre est très utile à la vie : sans lui, il ferait beaucoup plus froid sur Terre. Mais l'équilibre est fragile : un peu plus de CO_2, et la température augmente. Or on brûle de plus en plus de charbon, de gaz et de pétrole, ce qui produit de très grandes quantités de CO_2. Le contenu en CO_2 de l'atmosphère a doublé en cinquante ans alors qu'il était à peu près stable depuis quatre cent mille ans. En conséquence, un réchauffement sensible de la planète a déjà eu lieu, environ 0,6 °C en l'an 2000. Cela peut paraître peu, mais il semble inévitable que ce réchauffement s'accélère et atteigne au moins 3 degrés à l'horizon 2100 dans l'hypothèse où l'on réduirait considérablement les émissions de CO_2, peut-être 6 °C si l'on ne réussit pas à réduire suffisamment ces émissions à très court terme.

Or 6 degrés c'est considérable : il y a vingt mille ans, lors de la dernière période glaciaire (rien à voir avec le CO_2 dans ce cas, mais avec le mouvement de la Terre autour du Soleil), la température était plus basse d'environ 5 à 6 °C et tout le nord de l'Europe et de l'Amérique recouverts d'une banquise de 2 à 3 km d'épaisseur ! Le niveau des mers était inférieur d'environ 120 mètres au niveau actuel ! Bien sûr, cela permettait de passer à pied sec de France en Angleterre, mais tout de même, on imagine ce que pourrait produire un changement inverse, un réchauffement de 6 °C : fonte des glaces, augmentation des échanges d'eau entre l'équateur et les pôles donc augmentation du nombre et de l'intensité des tempêtes extrêmes, modification des courants marins, hausse du niveau des mers… un ensemble de phénomènes que l'humanité est en train de déclencher en quelques décennies, autant dire rien à l'échelle des temps géologiques.

Certes, comme il n'y aura plus de pétrole dans quarante ans, les émissions de CO_2 vont nécessairement diminuer. Pendant longtemps on découvrait de nouvelles nappes de pétrole et les réserves mondiales étaient sans cesse révisées à la hausse. Depuis quelques années, c'est fini : on en a cherché dans tous les endroits accessibles et les réserves ont commencé à diminuer. Il en reste effectivement pour jusqu'à 2040 environ au rythme actuel de la consommation ; l'essentiel se trouve au Moyen-Orient, principalement en Irak, Arabie Saoudite et Koweit. On ne peut s'empêcher de penser que telle est bien la raison profonde des conflits armés qui y ont été déclenchés. Le pétrole va devenir d'autant plus cher qu'il en reste moins et l'on voit bien que les guerres ne feront qu'amplifier ce problème. Il reste un peu plus de gaz et de charbon, mais le problème du réchauffement de la planète est urgent : si l'on ne diminue pas *immédiatement* la consommation de combustibles fossiles, la quantité de CO_2 continuera d'augmenter dramatiquement dans l'atmosphère et les conséquences climatiques s'annoncent redoutables.

On pourrait s'attendre à ce qu'un physicien comme moi soit nécessairement favorable au nucléaire. Eh bien, pas du tout. Autant donner ma position tout de suite avant de l'expliquer : j'aimerais qu'on puisse se passer du nucléaire, mais je ne vois pas bien comment faire.

Ce ne sont pas tant les problèmes de sécurité qui m'inquiètent. L'accident de la centrale de Three Mile Island, en 1979 aux États-Unis, n'a provoqué aucune dissémination de matière radioactive à l'extérieur du réacteur accidenté. Seules deux personnes ont été irradiées et les doses reçues n'étaient pas mortelles. À ce jour, un seul accident grave a eu lieu, en 1986 à Tchernobyl, près de Kiev. Il fut la conséquence désastreuse d'une exceptionnelle accumulation d'erreurs humaines dans un réacteur dont la conception comportait de graves lacunes en matière de sécurité. Il a causé la mort de quelques dizaines de personnes parmi les intervenants sur le site au moment de la catastrophe et environ 2 000 cancers qui devraient entraîner la mort prématurée de quelques centaines de personnes supplémentaires[57]. L'estimation du nombre de ces cancers est difficile parce que le seuil au-delà duquel une irradiation est réellement dangereuse est mal connu. Ces

57. Voir par exemple le site au ton libre et à l'information très solide, qui est entretenu par Jean-Marc Jancovici, nommé président du comité consultatif du débat national sur l'énergie en janvier 2003 : http://www.manicore.com/ en particulier sa lettre à FR3 du 27 avril 2003.

chiffres dépendent aussi des soins apportés aux victimes. Certaines estimations allant jusqu'à 20 000 cancers potentiels en Ukraine semblent exagérées. Si tragique qu'il soit, cet accident est néanmoins à comparer au nombre considérable de mineurs qui meurent chaque année dans des mines de charbon, aux victimes de la rupture de certains barrages ou de l'explosion de certaines usines chimiques telles que celle de Bhopal en Inde (5 000 morts). Les problèmes de sécurité dans les centrales nucléaires sont de mieux en mieux pris en compte dans leur conception et dans leur fonctionnement. De plus, l'exigence justifiée d'une totale transparence de l'information sur ce sujet est désormais satisfaite. Je ne crois donc pas que la sécurité soit le problème le plus grave en matière d'énergie nucléaire[58].

Le problème principal est celui des déchets. Parmi ces déchets, certains sont peu radioactifs ou ont une relativement courte durée de vie. Il s'agit par exemple des gants, filtres et matériaux variés qui ont été contaminés. Leur radioactivité diminue rapidement pour atteindre la radioactivité naturelle au bout de 300 ans environ. Ce sont les déchets A. Il suffit de les entreposer et d'attendre qu'ils deviennent inoffensifs tout seuls.

Les déchets B sont moyennement radioactifs et représentent jusqu'à 3 % de l'ensemble de la radioactivité produite en France jusqu'à ce jour. À raison de 20 m^3 par réacteur et par an, on doit avoir accumulé environ 40 000 m^3 de ces déchets B en 2004. Leur radioactivité cumulée est grande mais ils dégagent peu de chaleur et on étudie leur enfouissement provisoire dans des couches argileuses profondes. Ils y

58. Pour des informations très précises sur de nombreux aspects du nucléaire et bien au-delà, on lira utilement le livre *Quelles énergies pour demain ?* de Robert Dautray, Paris, Odile Jacob, 2004.

rejoindront progressivement, eux aussi, la radioactivité naturelle de la Terre.

En revanche, les déchets C sont très actifs pendant très longtemps. Ils contiennent en particulier du plutonium 239 dont la durée de vie est de 24 000 ans. Il faut les retraiter. Pour cela, on peut réincorporer une partie de ce plutonium dans le combustible nucléaire, sous forme d'un mélange combustible qu'on appelle le MOX, mais pas tout, donc la quantité de plutonium stockée augmente. Si l'on devait entreposer tout ce plutonium, il faudrait maîtriser la technologie des conteneurs et celle des sites d'entreposage sur plusieurs dizaines de milliers d'années. Il est possible qu'on y parvienne, mais cet objectif n'est pas encore atteint.

Pourrait-on, face à ces difficultés, recycler tous les déchets C et fonctionner à quantité de plutonium constante ce qui aurait l'avantage supplémentaire d'augmenter les réserves potentielles de combustible ? C'est l'une des questions auxquelles le réacteur à neutrons rapides Superphénix aurait pu répondre, mais il a été arrêté pour des raisons politiques. Réutiliser tous les déchets qui, de ce fait, ne sont plus des déchets mais du nouveau combustible, est pourtant LA solution. Ces réacteurs susceptibles de brûler tous leurs déchets lourds font partie de ce qu'on appelle les « réacteurs de quatrième génération » ; ils sont encore à l'étude mais pourraient être mis en service à l'horizon 2050. Ils pourraient permettre de fournir de l'électricité pendant des dizaines de milliers d'années.

Je ne prétends pas pour autant que ces réacteurs de quatrième génération ne posent aucun problème. J'en vois au moins deux. Le premier est que pour recycler tout le plutonium 239 il faut des neutrons rapides ce qui suppose un système de refroidissement particulier de la centrale. Ainsi, Superphénix n'était pas refroidi à l'eau mais au sodium liquide. Or la manipulation de ce sodium est délicate car c'est un métal très corrosif. On parle de refroidissement au plomb fondu mais cela pose d'autres problèmes. Tout cela demande donc que des recherches soient entreprises et aboutissent. Un autre type de problème est celui de la quantité de plutonium en jeu. En effet, pour démarrer un réacteur à neutrons rapides d'un gigawatt, il faut environ 12 tonnes de plutonium. C'est beaucoup. Pour 60 réacteurs en France, cela ferait 720 tonnes de ce produit dangereux, 6 fois plus que ce que l'ensemble des centrales françaises a produit à ce jour. On envisage donc un type voisin de réacteurs de quatrième génération, qui utiliserait un autre élément que l'uranium 235, le thorium 232 qui est abondant sur Terre. Cette autre filière ne produirait pas de plutonium, exigerait moins de combustible pour démarrer et des neutrons beaucoup moins énergétiques. On envisage donc de combiner ces différents types de réacteurs futurs et je crois que, si le nucléaire a un avenir, c'est là qu'il se trouve.

Si je crois important d'accélérer les recherches sur la fission nucléaire de quatrième génération, c'est bien sûr parce que ce serait une source d'énergie réellement propre du point de vue du climat et des déchets et que l'utilisation optimisée du combustible permettrait de produire une énergie indispensable pendant très longtemps. Pourquoi indispensable ? On aura beau faire des économies d'énergie, il sera extrêmement difficile d'empêcher la consommation d'augmenter, d'autant que de nombreux pays revendiquent à juste titre le droit de se développer. Dans des scénarios optimistes, la consommation mondiale d'énergie devrait donc avoir doublé en 2050. Si l'on veut diminuer par deux les rejets de CO_2 dans l'atmosphère, il faut donc que la proportion de combustibles fossiles soit divisée par quatre dans le bouquet énergétique de la planète en 2050, qu'elle passe de

77 à moins de 20 %. S'il fallait aussi se passer de l'énergie nucléaire, il me paraît impossible d'y parvenir. Mais considérons les autres solutions éventuelles.

On parle beaucoup aussi de fusion thermonucléaire, comme s'il s'agissait d'une source d'énergie à la fois propre et inépuisable. Dans son plaidoyer pour le réacteur expérimental ITER, que l'Europe, soutenue par la Russie, la Chine et la Corée du Sud, a obtenu de construire à Cadarache alors que les États-Unis et le Japon auraient préféré le site japonais de Rokkasho-Mura, Jean-Pierre Raffarin déclarait le 17 novembre 2003 : « C'est le projet [qui nous apportera] l'énergie du futur quasi inépuisable et sans nuisance significative, grâce à l'abondante ressource de l'hydrogène contenu dans l'eau. » Ainsi, en « maîtrisant l'énergie des étoiles », les futures centrales à fusion thermonucléaire devraient résoudre notre problème. Les mots choisis laissaient entendre que la solution était aussi bonne que notre ami le Soleil.

Malheureusement, la réalité n'est pas du tout celle-là. Dans un hypothétique réacteur « à fusion », les réactions nucléaires produisent de l'hélium à partir d'hydrogène, alors que dans un réacteur classique « à fission », on brise des éléments lourds (uranium, plutonium, thorium...). Certes, l'hélium est un gaz parfaitement inoffensif mais le combustible n'est pas l'hydrogène ordinaire, abondamment présent dans l'eau : c'est un mélange de ses deux isotopes lourds, le deutérium et surtout le tritium dont la production en grandes quantités est tout sauf simple. Les problèmes que pose l'utilisation éventuelle de la fusion thermonucléaire sont très difficiles et pour l'instant absolument pas résolus.

Comme on l'imagine aisément, enfermer dans une boîte étanche un petit Soleil ou une fraction de bombe H n'est pas un banal problème de plomberie, même si les tenants du projet ITER en parlent peu. La réaction de fusion produit des neutrons dont l'énergie est colossale, 14 millions d'électrons-volts (14 MeV), alors que même dans les centrales à neutrons rapides l'énergie moyenne des neutrons est d'environ 1 MeV. Sous un flux de neutrons de 14 MeV, les aciers des enceintes sont rudement malmenés. En effet, dans les parois internes d'un réacteur à fusion, non seulement tous les atomes subiraient tellement de chocs qu'au bout de cinq ans ils se seraient tous déplacés plus d'une centaine de fois, non seulement cela conduirait à un gonflement de l'acier qui a peu de chances de rester étanche après un tel chahut interne, mais la radioactivité induite dans cet acier produirait des particules « alpha », c'est-à-dire des noyaux d'hélium. Cela conduirait à une véritable ébullition sauf si on laissait cet hélium s'échapper. Mais comment inventer un matériau qui serait à la fois poreux pour laisser l'hélium s'échapper et absolument étanche pour maintenir sous ultravide le mélange deutérium-tritium qu'il faut chauffer à 200 millions de degrés ? À ma connaissance, personne n'en sait rien.

Quant au tritium, c'est un gaz qui n'a été produit à ce jour qu'en petites quantités pour les bombes H, et dont la production massive à partir de lithium nécessiterait toute un étude préalable. On projette de faire circuler le lithium à l'intérieur d'une double paroi dont le but sera à la fois de produire du tritium sous irradiation mais aussi de protéger la paroi extérieure. Mais le réacteur expérimental ITER ne testera pas cette production de lithium, il n'est construit que pour tester l'écoulement d'un mélange gazeux ionisé de deutérium et de tritium, une sorte de grand éclair circulaire dans un très grand aimant en forme d'anneau, ce qu'on appelle le « confinement magnétique d'un plasma chaud ». Il ne répondra pas aux questions préalables qui conditionnent l'avenir de la fusion comme méthode de production d'électricité commerciale.

La fusion n'est donc pas pour demain, tout au plus saura-t-on vers 2050 si c'est une filière d'avenir. Certains pensent dès aujourd'hui que la construction du réacteur expérimental ITER est un vaste gâchis (5 milliards d'euros pour la construction, au moins autant pour le fonctionnement) qui n'intéresse que quelques physiciens des plasmas, et qui apparaît complètement prématuré en ce qui concerne la production d'énergie commerciale.

Nombre de nos collègues physiciens espagnols, américains ou japonais se félicitent que le site d'ITER n'ait pas été choisi chez eux ! Cette grosse machine s'inscrit dans la longue liste de décisions discutables qui ont été prises au nom du credo de certains technologues : « *Big is beautiful.* » Personnellement, je ne peux m'empêcher de rapprocher ce projet de la Station spatiale internationale (100 milliards de dollars !) qui ne sert à rien malgré le séjour qu'y a effectué notre ex-ministre de la recherche, Mme Claudie Haigneré : pour observer la Terre ou le ciel, il vaut mieux des robots qui sont stables et immobiles plutôt que des astronautes qui perturbent la stabilité des appareils, ont besoin de se nourrir, de se déplacer, de monter là-haut et d'en redescendre, d'être protégés contre tous les dangers qu'ils y courent. En fait, les expériences auxquelles se livrent les astronautes sont presque toutes des expériences sur leur propre santé. Mais quel intérêt y a-t-il à étudier la santé des astronautes soumis aux dangers de l'espace (irradiation, apesanteur…) si leur envoi dans de telles conditions ne sert à rien d'autre ? De même, quel intérêt y a-t-il à étudier la stabilité d'un plasma de deutérium-tritium à 200 millions de degrés si, de toute façon, on ne saura jamais l'enfermer dans un boîte étanche pour produire de l'électricité ? Les projets grandioses ne font pas forcément une grande politique de la recherche.

Pourquoi, compte tenu des problèmes du pétrole et de ceux du nucléaire, ne pas faire appel à d'autres sources d'énergie ? La source principale est négative et très importante : ce sont tout simplement toutes les économies que l'on pourrait faire. En ce domaine, qu'il s'agisse d'éclairage, d'isolation thermique, de transport automobile ou de production industrielle, les progrès potentiels sont considérables. Arrêtons de prendre notre voiture pour faire 500 mètres, ou de prendre l'avion pour faire des sauts de puce ! Arrêtons de gaspiller toutes sortes de produits jetables dont la fabrication coûte énormément d'énergie ! Isolons nos maisons et économisons ainsi du chauffage l'hiver et de la climatisation l'été ! Arrêtons de manger des fraises artificiellement mûries hors saison ! C'est une question de morale à l'échelle mondiale. Cependant, si les pays riches doivent et peuvent arrêter de gaspiller, les pays pauvres ont un droit légitime de consommer plus. Le problème n'est pas seulement technique, c'est bien clair, il est politique, humain et mondial. Il est donc peu vraisemblable qu'on réussisse à diminuer sensiblement la consommation totale de la planète. Or il faut diminuer au moins de moitié les émissions de gaz à effet de serre, et rapidement, si l'on ne veut pas bouleverser le climat.

N'y aurait-il donc pas d'autres sources encore ? Il y a peu de place libre pour d'autres barrages hydroélectriques, et c'est bien dommage. La Chine se prépare néanmoins à construire d'énormes installations hydroélectriques. On sera attentif, je l'espère, aux risques sanitaires que peuvent représenter des centaines de kilomètres carrés d'eau immobile.

On aurait tort de négliger la recherche sur les éoliennes et l'apport complémentaire que cela peut représenter mais ce n'est pas de là que va venir la solution. Pas facile !

Je crois à l'avenir du solaire, dont les potentialités sont grandes. Regardons les chiffres à nouveau. En France, on reçoit en moyenne entre 100 et 200 watts par mètre carré du Soleil selon qu'on habite au nord ou au sud. C'est un chiffre moyen qui tient compte de l'absorption par l'atmosphère, de l'alternance du jour et de la nuit, du beau et du mauvais temps, etc. Or c'est beaucoup, 100 ou 200 watts par mètre carré. Si chaque habitant de la France pouvait récupérer toute l'énergie disponible sur une trentaine de mètres carrés, il assurerait sa consommation totale. Malheureusement, il y a beaucoup de pertes, en particulier si l'on veut transformer l'énergie solaire en énergie électrique, sans compter qu'il faudra souvent aussi stocker cette énergie avant de s'en servir.

Le rendement maximal théorique d'une photopile au silicium est de 25 %. Les meilleurs capteurs réalisés à ce jour avec du silicium monocristallin sont chers, difficiles à fabriquer et n'ont qu'un rendement de 12 %. Les capteurs au silicium polycristallin sont moins chers et ont un rendement de 10 %. L'avenir réside-t-il dans des films semi-conducteurs incorporables dans les matériaux de construction ? Ils sont d'ores et déjà bon marché et leur coût baisserait évidemment encore s'ils étaient produits massivement. Mais leur rendement actuel n'est que d'environ 5 %. Attention aussi au coût énergétique de leur production ! Pour produire 30 GW de puissance électrique, environ 10 % de la puissance totale consommée en France, il faudrait donc couvrir au moins 4 000 km^2 de capteurs de ce type, presque 1 % du territoire, 60 m^2 par habitant. C'est encore davantage que la surface totale des toitures françaises, pour seulement 10 % de nos besoins. Mais un recours systématique au solaire peut apporter un complément utile aux autres sources d'énergie, surtout si l'on fait des progrès en matière de photopiles. Et dans de nombreux pays du Sud, c'est vraiment une filière à exploiter.

Quelques mots de la biomasse, c'est-à-dire le bois et différents alcools agricoles. Ce n'est une énergie renouvelable que si l'on replante autant que l'on consomme : les nouvelles plantes qui poussent fixent le carbone du $C0_2$ dégagé lorsqu'on a brûlé les précédentes. De plus, le bois est évidemment facile à stocker. Il faut malheureusement remarquer que l'énergie disponible dans les plantes qu'on brûle, bois ou autres, vient du Soleil : c'est le rayonnement du Soleil qui permet la photosynthèse, c'est-à-dire le stockage d'énergie sous forme de bois qui brûle. Or le rendement de la photosynthèse est très faible, inférieur à 0,5 %. Cela signifie que pour 1 watt de puissance lumineuse solaire reçue, un champ ne récupère que 5 milliwatts. Pour une fois, la nature n'est pas admirable ! Même les cultures sucrières ne fournissent que 0,6 W/m^2. Il faudrait consacrer à la culture de biocarburants une surface environ 20 à 100 fois plus grande que la surface actuellement consacrée à l'alimentation pour subvenir aux besoins énergétiques de la planète. De plus, il faudrait tenir compte de la consommation en carburant des machines agricoles ! La biomasse ne sera jamais qu'un complément énergétique. De plus, le développement d'une telle filière ne serait pas sans risque de dégagements importants de méthane, un gaz à effet de serre bien plus redoutable que le CO_2, ou d'utilisation massive d'engrais, un risque potentiel pour la qualité de l'eau, autre problème planétaire d'actualité.

Le problème de l'énergie est donc grave, difficile et urgent. Produire de l'énergie est indispensable sauf si l'on acceptait de revenir à l'époque où l'on n'exploitait que le travail humain, mais un esclave ne produisait guère plus de 100 W ! Or le problème ne s'arrête pas à la production, il faut aussi stocker l'énergie et la transporter. Le succès du pétrole provient certainement de là : bien que très inflammable, c'est une énergie facile à transporter. Pour l'après-pétrole, et cela commence dès aujourd'hui, on envisage la généralisation de ce qu'on appelle des « piles à combustible ». Si vous plongez deux fils électriques dans l'eau et que vous faites passer un courant, il va se dégager de l'hydrogène d'un côté et de l'oxygène de l'autre : vous faites l'électrolyse de l'eau. Une pile à combustible fait l'inverse, elle consomme de l'hydrogène et produit de l'eau et de l'électricité. Ces piles ont été inventées pour produire de l'électricité dans les vaisseaux spatiaux, et aujourd'hui, il en existe déjà de nombreuses sortes : des petites pour alimenter des téléphones portables, des plus grosses pour automobiles et même davantage (jusqu'à 10 MW). Elles ne produisent pas de CO_2 à condition d'être vraiment alimentées en hydrogène et non avec de l'alcool comme cela se fait aussi. On pourrait donc produire de l'hydrogène à partir d'électricité nucléaire ou solaire, et ensuite embarquer cet hydrogène dans les voitures, bus et avions du futur ; on devrait aussi pouvoir hydrogéner des biocarburants pour en augmenter considérablement le pouvoir énergétique. Les piles à combustible vont vraisemblablement transformer nos moyens de transport en quelques dizaines d'années. Cela dépendra de l'augmentation inévitable des coûts de production du pétrole et des accords internationaux qui devront être signés en vue d'une diminution urgente de l'émission de CO_2. Il devient urgent que les États-Unis d'Amérique acceptent, en signant les accords de Kyoto, de collaborer avec Européens, Russes et Japonais pour sauver le climat.

Le problème des énergies, de leur consommation comme de leur production, de leur stockage et de leur transport est majeur ; ses solutions ne sont que partiellement connues et nécessitent une recherche scientifique et technique considérable. Il exige des débats de société aussi sereins que possible. Les raisonnements à la Fermi et leurs calculs d'ordres de grandeurs ne suffiront pas à résoudre les problèmes techniques. Ils me semblent tout de même indispensables pour distinguer dans les discours des uns et des autres ce qui est vraiment intéressant de ce qui relève de la profession de foi, de l'intimidation de certains groupes de pression économiques ou politiques, voire de la démagogie.

12

I speak english

« Il est bien regrettable que des pseudo-chercheurs se croient plus intéressants en s'exprimant en anglais ! »

Ainsi parlait M. Jean-Louis Masson, député RPR de Moselle, lors de la séance du mercredi 4 mai 1994 à l'Assemblée nationale. Je ne crois pas qu'il me visait personnellement bien qu'il se souvienne peut-être que, si je ne me trompe, nous avons fait une partie de nos études sur les mêmes bancs. Mais tout de même, quelle incompréhension tragique !

Lorsque je suis entré en sixième, en octobre 1957, mes parents m'ont fait choisir l'allemand comme première langue étrangère. Était-ce une volonté de sceller la réconciliation avec un pays dont une minorité de fanatiques, alliés à la police de Vichy, avait, en juillet 1942, traîné mon grand-père du Vel d'Hiv à Drancy puis aux chambres à gaz d'Auschwitz ? À la fin de l'année scolaire, on m'avait trouvé une famille en Westphalie du Nord, pour un séjour linguistique. J'étais en avance dans mes études, et je n'avais pas encore onze ans lorsque je me suis retrouvé chez Herr B., un instituteur qui pratiquait les punitions corporelles dans sa classe. Je crois me souvenir de sa badine. Avec émotion et fierté, il me montra le bel album de photographies qui glorifiait l'occupation de la Bretagne par sa division de la Wehrmacht.

Herr B. me demanda aussi des informations sur ma famille, si, par exemple, mes grands-parents étaient vivants.

Mes parents m'avaient élevé dans une ignorance presque totale de l'extermination des juifs et de son incidence sur ma propre famille. Ils voulaient nous protéger, sans doute. Ou alors leurs souvenirs étaient insupportables. Je savais bien que mes grands-parents paternels étaient morts, mais je ne savais pas comment. Je savais aussi que mon grand-père Balibar était né quelque part du côté de Kiev et que, déçu de ne pas réussir à obtenir la nationalité française, il aurait aimé y retourner. Un peu hésitant, je répondis donc que mon grand-père était mort « entre la France et sa Russie natale ». C'était vrai : Auschwitz était bien quelque part par là !

Je me demande encore combien de temps ce pauvre Herr B. mit à comprendre quelles étaient les origines de ma famille paternelle. Malgré cela, et dans une inconscience totale de ce que ma situation pouvait avoir de surprenant, j'apprenais l'allemand tous les jours. Six semaines plus tard, je parlais couramment.

Lorsque j'entrai en cinquième, je fus pris d'un immense ennui en classe d'allemand : aucun de mes camarades n'avait été envoyé en Allemagne, rares étaient ceux qui réussissaient à enchaîner trois mots de suite. Quant à notre professeur, incroyable mais vrai, il nous faisait écouter l'hymne nazi, le *Horst Wessel Lied* en pleine classe ! Je préfère taire son nom.

À force d'ennui, j'oubliai donc en un an tout l'allemand que j'avais appris en six semaines. À la fin de ma troisième, je devais le réapprendre lors d'un nouveau séjour, et, faute de pratique, presque tout oublier à nouveau. Plus jamais je ne réussis à parler couramment. Il me reste le désir de pratiquer l'amitié franco-allemande. Je dois dire aussi que, lorsque j'ai accompagné une amie chanteuse dans les *Dichterliebe* de Schumann, mes connaissances en allemand étaient suffisantes pour comprendre la poésie de Heine et tenter d'adapter ma partie de piano à l'évocation de ses amours.

Néanmoins, mon apprentissage de l'allemand au lycée était un demi-échec. Et les mêmes causes eurent le même effet lorsque j'entamai le russe en quatrième. J'eus beaucoup de plaisir à lire Pouchkine ou à jouer Gogol en V.O., mais jamais je ne réussis à m'exprimer facilement et tout s'évapora encore plus vite ensuite. Il me reste l'alphabet qui m'a servi à trouver mon chemin à Moscou, c'est mieux que rien.

Aujourd'hui, je suis bien obligé de courir le monde pour expliquer mes résultats scientifiques et à force d'écouter les uns et les autres s'exprimer en anglais, je me suis progressivement convaincu qu'en moyenne les Français sont assez mauvais en langues étrangères. Je ne connais guère que les Russes et les Japonais qui soient pires. Or, soyons réalistes, faute d'une présentation qui la rende facilement accessible, une œuvre scientifique n'a aucune chance d'être reconnue. À quoi bon transpirer tant pour faire progresser la connaissance si personne ne doit le savoir ? De plus, sans accès facile aux travaux de ses concurrents, un chercheur est condamné à perdre la dure compétition à laquelle il participe. Mais pourquoi les Français sont-ils tellement plus mauvais en anglais que les Allemands ou les Hollandais ? Lors de mon bref passage en son sein, le Conseil national des programmes se posait aussi cette question. Je fis alors le calcul suivant.

Combien d'heures par an un élève parle-t-il la langue qu'il a choisi d'apprendre au collège, l'anglais par exemple ? Supposons qu'à raison de 4 heures par semaine et 35 semaines de classe par an, il ait 140 heures d'anglais par an. Dans cette classe, environ 35 élèves se partagent équitablement le temps de parole. Par ailleurs, on y fait de l'écrit et le professeur parle aussi, donc l'oral des élèves ne prend qu'environ un quart du temps total. Finalement, chaque élève ne parle que 140/(4 x 35) = 1 heure par an ! Pendant toute une scolarité de sept ans, cela fera moins d'une journée.

Étonnant, non ?

Mais un petit Hollandais n'est-il pas exactement dans la même situation ? Si, bien sûr. Certains pensent qu'en faisant de l'anglais dès l'école primaire, les petits Français seraient nettement meilleurs. Même si tout le monde admet que le cerveau est plus malléable à huit ans qu'à douze, le même calcul prouve que cette tentative sera inutile : ce n'est pas en parlant une heure d'anglais par an qu'un enfant progressera vraiment. J'ai demandé à mes collègues hollandais comment ils apprenaient l'anglais, s'ils commençaient plus jeunes (non) et combien d'heures ils en faisaient à l'école (à peu près comme en France).

– Mais, en Hollande, les enfants savent l'anglais *avant* d'en faire à l'école ! Il leur suffit de regarder la télévision !

Je découvris ainsi une évidence : en sous-titrant les émissions étrangères au lieu de les doubler, on ne se contente pas de respecter l'œuvre des réalisateurs, on apprend les langues aux enfants. Maîtrisant la langue élémentaire, les enfants hollandais font à l'école du perfectionnement et de la littérature, et ils n'ont aucun besoin de commencer à huit ans pour cela. Simple, non ? J'ai un neveu tunisien qui a appris l'italien de cette manière et parle aujourd'hui couramment quatre langues.

C'est donc avec un peu d'allemand et très peu de russe qu'à vingt-deux ans je me retrouvai face à un article de la *Physical Review*, LA revue américaine de physique. Quinze pages compactes d'anglais scientifique. Je me faisais encore quelques illusions sur mon intelligence et l'épreuve me ramena brutalement à une nécessaire modestie. Comprendre un seul article allait me prendre un temps considérable. Or je ne pouvais pas non plus réinventer tout seul la physique contemporaine. Je pris un dictionnaire et souffris en silence.

J'assumai tant bien que mal mon handicap pendant cinq ans, le temps d'obtenir mon doctorat, puis je me précipitai en Angleterre. Je voulais approfondir mes recherches sur l'évaporation quantique et en profiter pour apprendre l'anglais. Au pays de Robin des Bois et de lord Byron, mon immersion fut aussi totale qu'efficace. En quelques semaines, à force d'écouter et de répéter ce qu'on me disait, j'étais capable de me débrouiller dans une conversation ordinaire et l'anglais scientifique de base ne me posait plus vraiment de problème. Depuis ce séjour salvateur, je n'ai jamais cessé de pratiquer l'anglais avec, certes, quelques lacunes en grammaire, mais l'immense satisfaction de pouvoir exprimer toute ma science sans peine, de comprendre aussi tout ce que me disaient mes collègues, qu'il s'agisse de science ou de vie courante.

Je ne peux plus me passer de mon outil de communication internationale, l'anglais. Pour rien au monde je n'y renoncerais. C'est une question de liberté sur laquelle je ne suis pas prêt à transiger. Mais comment M. Masson s'imaginait-il que nous travaillions ? S'est-il jamais retrouvé dans une conférence réunissant des représentants d'au moins dix pays différents ? Si oui, comment fit-il ? Il y a longtemps que la recherche scientifique est mondialisée. L'essor des moyens de communication, qu'ils soient aériens ou électroniques, a rétréci la planète. Donc la concurrence est plus vive que jamais et ne pas comprendre ce qu'ont trouvé les autres, ou ne pas faire comprendre ce qu'on a trouvé soi-même équivaut à un suicide scientifique. Même dans le passé, où le monde semblait plus grand, on ressentait le besoin d'une langue de communication internationale. Selon les époques ou les régions, cette langue a pu être le chinois, le grec, l'hébreu, l'arabe, le latin ou le français, mais, aujourd'hui, c'est l'anglais. Regretter la domination américaine ou hurler à la défense du français n'y changera rien.

Je fus donc sidéré d'apprendre, au début de l'année 1994, que Jacques Toubon, ministre de la Culture et de la Francophonie, voulait imposer aux chercheurs de parler et d'écrire en français dans de multiples circonstances de leur activité professionnelle. C'est au cours de la discussion de la loi Toubon[59] que M. Masson s'exprima. La séance fut houleuse. Dans sa version votée, la loi précisait :

« Article 6.

Tout participant à une manifestation ou un congrès organisé en France par des personnes physiques ou morales de nationalité française a le droit de s'exprimer en français. Les documents distribués aux participants avant et pendant la réunion pour en présenter le programme doivent être rédigés en français et peuvent comporter des traductions en une ou plusieurs langues étrangères.

Lorsqu'une manifestation, un colloque ou un congrès donne lieu à la distribution aux participants de documents préparatoires ou de documents de travail, ou à la publication d'actes ou de comptes rendus de travaux, les textes ou interventions présentés en langue étrangère doivent être accompagnés au moins d'un résumé en français. Ces dispositions

59. Loi du 4 août 1994.

ne sont pas applicables aux manifestations, colloques ou congrès qui ne concernent que des étrangers, ni aux manifestations de promotion du commerce extérieur de la France. Lorsqu'une personne morale de droit public ou une personne morale de droit privé chargée d'une mission de service public est à l'initiative des manifestations visées au présent article, un dispositif de traduction doit être mis en place.

Article 7.

Les publications, revues et communications diffusées en France et qui émanent d'une personne morale de droit public, d'une personne privée exerçant une mission de service public ou d'une personne privée bénéficiant d'une subvention publique doivent, lorsqu'elles sont rédigées en lange étrangère, comporter au moins un résumé en français.

L'octroi par une personne publique de toute aide à des travaux d'enseignement ou de recherche est subordonné à l'engagement pris par les bénéficiaires d'assurer une publication ou une diffusion en français de leurs travaux ou d'effectuer une traduction en français des publications en langue étrangère auxquelles ils donnent lieu, sauf dérogation accordée par le ministre de la Recherche. »

La fin de l'article 7, en italique, fut heureusement censurée par le Conseil constitutionnel. Sans cette censure, il nous serait devenu impossible de publier les résultats de nos recherches en anglais sauf si nous les avions aussi publiés en français. À moins d'accepter de n'être lus par aucun de nos collègues ou concurrents étrangers, nous aurions dû rédiger tous nos travaux en double : une version en français et une version internationale. Quand on se rend compte de l'âpreté de la compétition qui règne dans la recherche, ce handicap aurait tué la recherche française. Mais le Conseil constitutionnel n'est pas censé juger de la défense de la recherche, seulement de la cohérence des lois. C'est donc en considérant que cette interdiction représentait une entrave à la liberté d'expression, laquelle est inscrite dans la Déclaration des droits de l'homme et du citoyen, préambule de notre Constitution, que le Conseil censura le dernier paragraphe de l'article 7 de la loi Toubon. Tout le reste passa et s'applique, en principe, aujourd'hui.

Qu'est-ce que cela signifie, pratiquement ? Nous avons plusieurs niveaux de publications, selon qu'il s'agit des résultats originaux de nos travaux en cours, ce que nous appelons nos « publications primaires », ou d'articles de synthèse, livres d'enseignement ou articles d'information pour un public plus large que celui de nos collègues spécialistes. En ce qui concerne nos publications primaires, une revue française n'a droit, en principe, à aucune aide de l'État si elle ne joint pas à chaque article publié en anglais un résumé en français[60]. Si elle avait été appliquée, cette contrainte aurait vite fait de dissuader tout chercheur étranger de publier en France. En effet, comment nos collègues auraient-ils pu vérifier l'exactitude d'une traduction (qui aurait été faite par qui ?) s'ils n'avaient pas appris le français ? N'auraient-ils pas considéré qu'il était beaucoup plus simple, dans ces conditions, de publier ailleurs ? Nos revues françaises spécialisées auraient donc rapidement disparu du marché. Je ne connais aucune revue internationale de physique qui exige de ses auteurs la publication d'un résumé bilingue.

En fait, l'Histoire avance parfois plus vite que les travaux de l'Assemblée nationale, et le problème ne s'est pas vraiment posé : l'Europe progressant, la nécessité et le grand intérêt de regrouper les différentes revues nationales sous

---

60. La loi n'accorde évidemment pas à des auteurs étrangers, par exemple allemands, un droit symétrique d'insérer des résumés en allemand.

forme de grandes revues européennes s'imposa rapidement. En physique au moins[61], Français Allemands et Italiens ont rapidement décidé de faire fusionner leurs revues nationales qui sont devenues européennes et n'ont heureusement que faire de la loi Toubon.

Mais l'article concernant les conférences n'a pas été censuré, lui. Les obstacles légaux à la tenue de conférences internationales en France sont donc multiples, en principe. En effet, sauf si nous finançons ces conférences sans la moindre aide de l'État, tous les documents ou presque doivent être bilingues. L'annonce de la conférence doit être bilingue, son programme aussi, de même que l'ensemble des résumés que l'on distribue au début pour savoir qui va parler de quoi dans une assemblée qui regroupe parfois plus d'un millier de participants répartis pour parler en parallèle dans plusieurs salles différentes. Passons sur le coût en papier d'une telle contrainte. Passons aussi sur le travail considérable que représenterait pour les organisateurs français la traduction de milliers de résumés. Contentons-nous de réaliser que l'on ne peut pas publier avec la signature d'un auteur un texte en français qu'il ne comprend pas. Enfin, les débats eux-mêmes doivent, en principe, être assortis d'un « dispositif de traduction ». Pour comprendre ce que cela signifie, il est bon de se reporter au compte rendu des débats de l'Assemblée.

---

61. Je suis bien conscient que dans d'autres disciplines la mondialisation prend des formes différentes où l'évolution ne se fait pas aussi vite. Par exemple, des spécialistes de l'histoire de France ont moins besoin que nous de s'exprimer devant des auditeurs qui ne comprennent pas le français. On cite souvent aussi le cas des mathématiques, dont l'expression en français résiste mieux à l'anglicisation : peut-être est-ce simplement parce que les équations s'écrivent de la même manière dans toutes les langues (ou presque).

La séance fut donc houleuse. Malgré quelques interventions lucides telles que.

M. Bardet : « [...] Si vous exigez que l'on parle français dans un congrès se tenant en France, aucun intervenant étranger ne viendra ! Et si on peut employer la langue que l'on veut, comme le propose M. Brunhes, les congrès vont devenir la tour de Babel ! »

Le point de vue nationaliste primaire l'emporta à l'issue d'un débat où l'on put entendre :

M. Sarre : « ... les scientifiques devraient être les premiers à défendre notre langue. S'ils ne le font pas, c'est pour de pures raisons de carrière : plus ils publient d'articles en anglais, meilleure sera leur carrière. »

M. Masson : « ... il n'est pas pensable qu'un chercheur français, payé sur nos fonds publics, s'exprime en France dans une autre langue que le français. »

M. Jean-Louis Beaumont : « Vous avez raison ! »

M. Weber : « Comment contraindre sans prendre de sanctions ? »

MM. Fréville et Leroy : « Très bien ! »

M. Toubon : « La sanction figure à l'article 13 : c'est la privation de subventions. »

Lorsque les décrets d'application de la loi Toubon parurent, le 6 septembre 1995, les menaces de sanctions devinrent explicites : à leur article 17, il était prévu jusqu'à 5 000 F d'amende par infraction[62], 25 000 F pour un organisateur, et si quiconque s'opposait à un agent venu constater une infraction, cela pouvait atteindre 50 000 F et six mois de prison ! De plus, cinq associations de défense de la langue française

62. Pour des lecteurs qui n'auraient pas connu cette époque, un euro de 2005 vaut environ 6 francs de 1995. Je ne sais pas si ces amendes sont indexées sur le coût de la vie.

étaient autorisées à nous poursuivre devant les tribunaux (article 19) en cas de non respect de la loi.

La discussion sur la mise en place d'un « dispositif de traduction » illustra les contradictions dans lesquelles le ministre s'enferrait. M. Jacques Brunhes exigea une traduction simultanée. Le coût d'une telle traduction, qu'il estima, par jour et par langue, à 8 000 F la cabine + 3 000 F d'honoraires d'interprète, ne lui paraissait « pas dissuasif ». Avait-il la moindre idée de nos budgets ? M. Mathus insista : « Quel serait l'intérêt d'une traduction consécutive ? Allons-nous, une fois encore, légiférer pour rien ? Pourquoi inscrire dans la loi des dispositions inapplicables ? »

M. Toubon tenta de défendre le principe d'une traduction « consécutive » qui serait « instantanée » à la manière dont, d'après lui, les interprètes intervenaient dans une discussion entre les présidents français et russe de l'époque, MM. Mitterrand et Eltsine. Finalement, l'Assemblée adopta l'amendement présenté par M. Fanton : « Un dispositif de traduction doit être mis en place. »

Nous avions beau ironiser dans nos laboratoires sur l'éventualité qu'un « potentiel redox » puisse être traduit par un « potentiel de bœuf rouge » par quelque interprète nécessairement ignorant de l'oxydoréduction en chimie, la situation était vraiment grave. Malgré le flou de la formulation de la loi, l'angoisse nous saisit. Comment forcer les intervenants étrangers à rédiger des résumés en français ? Quelque association favorable à la « purification linguistique[63] » allait-elle nous poursuivre si nous ne traduisions pas ? Un dictionnaire de poche disponible au secrétariat de la conférence pouvait-il constituer un « dispositif de traduction » ? Devions-nous

63. Claude Allègre, « La clé de l'anglais », *Le Point*, 21 mai 1994.

renoncer à prendre la part qui nous revenait dans l'organisation de conférences internationales sous prétexte que quelques représentants de la nation n'avaient aucune idée de la manière dont notre métier se pratiquait ?

Nous fîmes le gros dos, et l'avenir donna ironiquement raison à M. Mathus : dans le domaine de la recherche, cette loi était « totalement inapplicable… ubuesque » et l'Assemblée avait « légiféré pour rien ». Je ne veux évidemment pas dire qu'il aurait fallu accepter son exigence d'une traduction simultanée dans toutes les conférences en France ; je me félicite simplement que la loi Toubon n'ait jamais été appliquée et que tout le monde l'ait oubliée. J'espère aussi que ce livre ne va pas la réveiller.

Cela signifie-t-il que je me désintéresse de la défense du français ? Certainement pas. Comme je l'écrivais à l'époque[64], en apprenant l'anglais, les scientifiques français acquièrent les moyens de tenir leur rang dans le monde. C'est à ce seul prix qu'ils peuvent attirer en France les étrangers qui, une fois sur place, prendront évidemment plaisir à parler français, à s'imprégner de la culture française, et qui sait, peut-être même à penser leur science en français au bout de quelques semaines d'immersion totale. Ce que je propose est donc tout le contraire de l'érection de lignes Maginot, c'est d'ouvrir la France, son territoire et sa culture scientifique vers l'étranger. L'empire soviétique avait construit le rideau de fer, forçait ses scientifiques à publier en russe et contrôlait sévèrement leurs allées et venues. Le résultat fut catastrophique, comme on le sait : la science soviétique s'est effondrée avec le reste et les meilleurs scientifiques ont massivement

64. « L'anglais pour défendre la langue française », *La Recherche*, septembre 1992 ; « Les chercheurs français face à la loi Toubon », *La Recherche*, novembre 1994.

émigré à l'Ouest dès la révolution de 1989. Au lieu de payer des interprètes qui, de toute façon, ne connaissent pas la terminologie spécialisée de la science en mouvement et truffent inévitablement leurs traductions de faux sens rédhibitoires, il vaudrait beaucoup mieux offrir des stages linguistiques à tous les étrangers que nous attirons en France grâce à la qualité de notre travail. Voilà qui défendrait la langue française autrement plus efficacement. Je crois néanmoins que cela ne suffirait pas.

De même qu'il faut préserver la diversité des espèces pour sauvegarder leurs possibilités d'adaptation, de même je crois que préserver une pensée scientifique multilingue est susceptible d'en enrichir les possibilités. N'avons-nous pas tous remarqué que nous changions légèrement de personnalité en changeant de langue ? L'anglais semble plus concis et plus souple et cela a peut-être aidé à lui conférer son statut de langue de communication internationale, mais la domination politique et économique des États-Unis d'Amérique est évidemment une cause plus forte de cet état de fait.

Cependant, le français a des cartes spécifiques à jouer. Est-ce une langue mieux adaptée à la rhétorique ? Dans une conférence où il exposait un point de vue voisin du mien, Roger Balian[65] remarquait que la conjonction « or » n'existait pas en anglais. Quoi qu'il en soit, il est bien évident que les scientifiques réellement bilingues sont très rares, qu'il nous sera toujours difficile d'atteindre en anglais le même niveau de finesse de pensée qu'en français. Je tiens donc à continuer de penser ma physique en français, mais ce n'est pas si simple.

---

65. R. Balian, « Le physicien français et ses langages de communication », communication à la conférence « La langue française et la science », consulat général de France, Québec, 19 mars 1996.

En effet, sans vocabulaire, c'est certainement impossible. Or, au fur et à mesure que les concepts apparaissent, que les théories s'affinent, ou même que certaines métaphores sont admises pour illustrer ces progrès, la science invente des mots et consacre des expressions. Si nous nous contentions de participer à cette évolution de la langue en anglais, le français scientifique deviendrait une langue morte. Il est donc indispensable de traduire ces mots et d'adapter ces expressions, afin de faire vivre le français scientifique. Une pratique collective en assurera l'acceptation par tous, encore faut-il le faire. Il ne suffit pas de réclamer notre droit à la liberté d'expression, nous avons aussi des devoirs à assumer, en particulier celui de faire vivre le français scientifique. Comment faire ?

Il serait bon de nous aider à traduire tous les livres d'enseignement de base en français afin que nous puissions continuer à enseigner en français. Dans des pays que je connais comme l'Italie, la Finlande ou la Hollande, il me semble qu'une grande partie de l'enseignement supérieur se passe désormais en anglais, mais je ne suis pas prêt à admettre qu'on en arrive là en France. En pratiquant la traduction, nous serons amenés à préciser en permanence le sens des mots que nous utilisons, nous améliorerons notre français et nous transformerons en avantage le handicap de ne pas avoir la langue de communication internationale comme langue maternelle.

Il nous faut aussi pratiquer en permanence l'information scientifique en français dans des journaux comme dans des livres pour non-spécialistes. Retrouver un peu de finesse d'expression en parlant de physique en français, c'est un plaisir auquel je tiens autant qu'à celui de me faire comprendre en anglais par une assemblée multilingue. Et, là aussi, je trouve salutaire d'être attentif au sens précis des mots, à leur sens premier comme parfois à leur charge d'allusion.

Même si elles deviennent rares, il existe enfin des circonstances où nos débats sont spécialisés mais où l'anglais n'est pas nécessaire, séminaires internes, réunions de travail françaises ou bilatérales, séances d'examen ou d'évaluation de notre activité. Pourquoi rares ? Parce que l'évaluation de nos laboratoires est de plus en plus souvent faite par des jurys internationaux ; parce qu'aussi la moindre réunion de travail même nationale attire toujours des étrangers devant qui la politesse exige souvent de s'exprimer de manière compréhensible.

Il n'est pas si ambitieux, ni irréaliste, de proposer que chaque Français apprenne non seulement l'anglais international mais une langue supplémentaire, et on aura compris que, pour cela, je propose de généraliser les séjours linguistiques au lieu de croire qu'on apprend l'anglais à raison d'une heure hebdomadaire en classe primaire, que je propose aussi de sous-titrer plutôt que de doubler films et émissions de télévision d'origine étrangère. L'entraînement quotidien au passage d'une langue à l'autre est un exercice intellectuel particulièrement stimulant. Les jeunes étudiants bilingues que nous connaissons ne sont-ils pas souvent les plus brillants ? Notre cerveau n'a-t-il pas autant besoin d'exercices quotidiens que nos muscles ? La pratique du multilinguisme n'est-elle pas aussi l'un des meilleurs vaccins possibles contre la xénophobie ? Pourvu que les héritiers de MM. Toubon, Masson, Sarre, Fréville et Leroy ne fassent pas régresser notre civilisation !

Que ne sais-je pas ?

Ma mère s'intéressait à la naissance de la langue française, au IXe siècle, lorsque les petit-fils de Charlemagne se partagèrent son empire, ainsi qu'à celle de la littérature française, peu de temps après. Parmi les livres qu'elle écrivit, deux « Que sais-je ? » pour les Presses Universitaires de France[66]. Poser aujourd'hui la question « Que ne sais-je pas ? », c'est afficher à la fois une ressemblance avec elle, un goût partagé pour la connaissance, et une certaine différence : je préfère en effet les incertitudes de la recherche scientifique aux certitudes de la science enseignée.

Mais qu'on ne se méprenne pas : si je néglige le plaisir de la connaissance acquise, c'est parce que j'en voudrais davantage, parce que je m'intéresse plus à l'avancement de ses frontières ! Je précise au passage qu'il ne me viendrait pas à l'idée de relativiser toute connaissance à un état temporaire

66. Renée Balibar, *Le Colinguisme*, Paris, PUF, « Que sais-je ? », 1993 ; et *Histoire de la littérature française*, Paris, PUF, « Que sais-je ? », 1993.

des idées, comme si la science fluctuait sans progresser. Non, la science avance inexorablement et je ne cesse de trouver de l'intérêt à cet avancement, fait de ruptures auxquelles succèdent des périodes d'approfondissement. Par ailleurs, en affichant mon goût pour le mouvement de la science, je reste l'héritier de ma mère, dont l'activité intellectuelle était riche et qui n'a pas hésité, dans d'autres livres, à avancer des idées suffisamment fortes pour ébranler son domaine de recherches.

En admettant une certaine ignorance, je prends aussi le risque que l'on mette en doute ma sincérité. Je n'oserais pas en effet avouer mon ignorance sur des questions que j'ignore vraiment. J'affiche mon ignorance seulement là où, au contraire, mes connaissances sont suffisantes pour savoir que je ne suis pas le seul à ne pas savoir, même parmi ce qu'on peut appeler les « savants » pour simplifier. Prendre la parole en tant que physicien pour dire ce qu'on ne comprend pas en physique suppose donc un certain niveau de savoir faute de quoi le ridicule est assuré. Y ai-je échappé dans ce livre ? L'avenir me le dira mais ce n'est pas ce qui m'importe le plus.

J'ai surtout envie de ne pas faire semblant de savoir, de ne surtout conquérir aucun pouvoir, aucune position de force, en prétendant que la science serait un édifice inébranlable du haut duquel on pourrait dicter aux ignorants une vérité qu'ils n'auraient qu'à admettre. Je suis ignorant, moi aussi. Tout le monde est ignorant ! Que j'aie envie de partager avec mes lecteurs l'excitation d'apprendre que le monde n'est pas ce que l'on croyait il y a encore quelques années n'y change rien.

De fait, le monde est réellement différent de ce qu'on croyait en 1950. Même Einstein n'avait pas compris que l'Univers n'est pas stable. En quoi cela entame-t-il la réputation de ce symbole du génie absolu ?

La vérité scientifique avance, contrairement aux dogmes établis. Que la science se remette en cause ne veut pas dire que la vérité scientifique soit sans valeur, au contraire. Par définition, le chercheur scientifique se demande tous les jours s'il se trompe, et c'est ce qui fait à la fois l'immense difficulté de ce métier et sa grandeur à mes yeux. Appuyé sur la rigueur d'une méthode qui devrait toujours l'inciter à la modestie, le chercheur scientifique doit pouvoir convaincre en argumentant, il ne devrait jamais avoir besoin d'imposer le moindre point de vue par la force. Pas d'intimidation, du raisonnement !

En somme, je suis un scientifique qui combat le scientisme. Malheureusement, dans une société qui ne prend pas toujours le temps de penser, les scientifiques sont souvent tentés de tirer une autorité de la maîtrise d'un langage ou de concepts inaccessibles au plus grand nombre. Peut-on étendre l'autorité scientifique acquise dans un certain domaine en dehors de celui-ci ? Le fait de maîtriser tous les détails d'un corpus théorique aussi difficile que, disons, la physique quantique ou la physique statistique autorise-t-il à prétendre détenir la vérité en matière de modification génétique des plantes, d'éthique de la science ou de moralité du développement industriel ? S'il s'agissait d'exporter avec modestie une méthode de réflexion rigoureuse dans un domaine qu'on sait mal connaître, cela pourrait peut-être se justifier, mais de très grandes précautions seraient à prendre.

Quant aux non-scientifiques qui font semblant de maîtriser un vocabulaire ésotérique et qui habillent leur discours d'un vernis scientifique pour avoir l'air savant, ils contribuent à donner de la science une image que je combats résolument. Au lieu d'inciter à la réflexion autonome, au lieu de développer le sens critique de leur public, ils imposent, ils endoctrinent, ils tombent dans l'abus de pouvoir. C'est l'exact contraire de ce que j'essaie de faire.

Un certain nombre de philosophes ou de psychanalystes français ont abondamment versé dans ce type de travers ; pour une analyse particulièrement éclairante de leurs écrits, je vous propose de lire le livre d'Alan Sokal et Jean Bricmont, *Impostures intellectuelles* paru aux éditions Odile Jacob en 1997. Dans ce livre magnifique, les citations sont abondantes, jamais tronquées, et la pseudo-science démasquée. J'ajouterai que, sans attendre la démonstration de Sokal et Bricmont, certains des auteurs critiqués ont changé leur pratique théorique. On notera aussi que ce sont bien des impostures que Sokal et Bricmont dénoncent, pas des imposteurs.

Dans le domaine de la littérature récente, l'un des exemples les plus frappants est celui de Michel Houellebecq, écrivain à succès qui se présente volontiers comme un étudiant surdoué ayant tout compris de la physique et des mathématiques avant de se consacrer à la littérature. J'ai du mal à croire que, ce faisant, il soit sincère. À mon avis, c'est plutôt un jeu qu'il joue, une recette commerciale qu'il exploite. Ne serait-ce que comme repoussoir, ses écrits méritent un coup d'œil.

Dans son roman *Les Particules élémentaires* (Flammarion, 1998, page 297), il écrit par exemple, à propos de l'article que publie son héros, Djerzinski :

« *Trois Conjectures de topologie dans les espaces de Hilbert*, paru en 2004, devait surprendre. On a pu l'analyser comme une réaction contre la dynamique du continu, comme une tentative – aux résonances étrangement platoniciennes – de redéfinition d'une algèbre des formes. »

Quelle ne fut pas ma surprise lorsque la fille d'une amie, étudiante en littérature comparée à New York, me demanda de lui expliquer, à moi qui devais comprendre la physique moderne, ce que cela signifiait ! L'illusion de profondeur que produit ce charabia est telle qu'on en explore le sens possible dans les universités américaines !

Dans son roman précédent, *Extension du domaine de la lutte* (Flammarion, 1994), Houellebecq écrit page 92 :

« Les attracteurs pulsionnels se déclinent vers l'âge de treize ans, ensuite ils diminuent peu à peu ou plutôt ils se résolvent en modèles de comportement, qui ne sont après tout que des forces figées. La violence de l'éclatement initial fait que l'issue du conflit peut demeurer incertaine pendant plusieurs années ; c'est ce qu'on appelle en électrodynamique un régime transitoire. »

Quel effet littéraire Houellebecq tente-t-il d'obtenir en citant l'électrodynamique, un mot barbare pour tout lecteur non physicien ?

Et page 125 :

« De tous les systèmes économiques et sociaux, le capitalisme est sans conteste le plus naturel. Cela suffit à indiquer qu'il devra être le pire. Une fois cette conclusion posée, il ne reste plus qu'à développer un appareil argumentaire opérationnel et non déviant, c'est-à-dire dont le fonctionnement mécanique permettra, à partir de faits introduits au hasard, la génération de multiples preuves venant renforcer la sentence préétablie, un peu comme les barres de graphite viennent renforcer la structure d'un réacteur nucléaire. »

Mais enfin, les barres de graphite servent à ralentir les neutrons, pas à soutenir la structure ! Houellebeck n'est pas savant, il joue à le paraître, et il le fait bien si l'on en juge par le succès de ses livres. Comme d'autres, il surfe sur l'idée reçue que les lois de l'Univers sont nécessairement mystérieuses, sinon quelle différence y aurait-il entre Dieu et les hommes ? Donc, pour avoir l'air de connaître ces lois, il faut être difficile à lire ou carrément impossible à comprendre. Mais quelle image désastreuse de la science donne-t-il !

Dans un genre différent, cela me rappelle les milliers d'étudiants qui s'écrasaient pour écouter Stephen Hawking à Harvard, un engouement collectif auquel j'assistai à l'automne 1999. Chaque année, le département de Physique de Harvard invite cinq conférenciers de prestige pour des séries de conférences, les « Loeb Lectures ». J'avais eu la chance d'être l'un d'entre eux mais la malchance d'avoir à parler juste après Stephen Hawking. Hawking est professeur à Cambridge, où il occupe la chaire de Newton ; c'est un physicien très célèbre pour sa théorie des trous noirs, mais surtout pour une série de best-sellers dont *Une brève histoire du temps*. Par ailleurs, il souffre depuis l'âge de vingt ans d'une maladie incurable, une dégénérescence du système neuromoteur qui l'a progressivement cloué dans un fauteuil roulant où il ne tient que très difficilement assis, rares étant les muscles qui répondent encore à sa volonté. Il réussit à bouger un seul doigt avec lequel il commande un synthétiseur de parole ; il arrive cependant à sourire et garde un regard d'une très belle vitalité ce qui donne l'impression, lorsqu'on le rencontre, qu'il est un cerveau, ni plus ni moins.

Face à son malheur, Hawking se bat et reste en vie. Il a engagé deux infirmières pour l'assister dans la vie quotidienne, et il est entouré de nombreux étudiants qui l'aident à travailler. Son arrivée à Harvard était un événement. Pour des milliers d'étudiants de toutes disciplines, cet homme hors du commun, nécessairement étrange, venait nous expliquer les mystères de la création du monde. Le plus grand amphithéâtre de l'université, doté d'au moins trois mille places, était plein à craquer. On dut en ouvrir un autre avec retransmission vidéo. À l'heure prévue, un fauteuil roulant électrique monta vers la scène, éclairé par les projecteurs. Et Hawking commença. Il souhaitait nous expliquer pourquoi l'Univers était à la fois infini et borné. Or il se lança dès les premières minutes dans des développements d'une rare complexité sur la topologie des « d-branes » dans les espaces de « de Sitter ». J'ai appris plus tard que les « d-branes » désignaient une généralisation des membranes dans des espaces de dimension d supérieure à trois ou quatre, la dimension de l'espace qui nous est à peu près familier. J'ai surtout été saisi de voir la foule de plus en plus fascinée à mesure que le discours se faisait plus incompréhensible.

À la séance suivante, la ferveur n'avait pas décru. Il faut dire aussi que Hawking, excellent comédien, agrémentait ses conférences de dessins humoristiques. Tous les quarts d'heure environ, à chaque fois que la difficulté de son propos exigeait une transition rhétorique, il faisait une pause : il nous montrait une caricature de lui-même rencontrant Dieu et lui demandant quelque chose du genre :

– Bon, voilà où j'en suis, mais si j'essayais cela, qu'est-ce que tu en penserais ?

L'anglais ne faisant pas de différence entre le « tu » et le « vous », je ne sais pas si Hawking a l'habitude de tutoyer Dieu, mais il jouait habilement avec son personnage : il avait bien rencontré Dieu, il ne pouvait comprendre les origines de l'Univers et sa structure que parce qu'il dialoguait avec Dieu. Ce n'était donc pas un homme ordinaire. Était-ce ce qui lui permettait de survivre à ses terribles problèmes ? À la fin, le public en redemandait et Harvard organisa une conférence supplémentaire, payante cette fois, dans la plus grande salle de la ville, 5 000 places si ma mémoire est bonne. C'était cher et plein.

Quinze jours plus tard, c'était mon tour. Comment soutenir une quelconque comparaison en annonçant des conférences sur « Cristallisation et nucléation » ? Le département ne m'avait heureusement réservé que l'amphi de physique et nous étions une centaine. Face à mon trac, je m'étais trouvé une attitude qui me paraissait la seule possible : j'allais faire simple et pédagogique, chacun de mes mots, chacune de mes affirmations, chaque phénomène que j'allais décrire seraient compris par tous dans tous leurs détails, et à chaque question résolue j'associerais une question à résoudre. Je n'ai attiré aucun étudiant non physicien mais le petit groupe était attentif. Certains jeunes chercheurs étaient venus du MIT voisin et me parlent encore aujourd'hui de l'intérêt qu'ils avaient trouvé à mes propos.

Au dîner de gala qui suivit ma conférence inaugurale, Hawking était là. Au moment du café, nous nous sommes croisés, et il m'a dit, enfin fait dire par son ordinateur en l'accompagnant d'un sourire, qu'il était désolé de n'avoir pas pu assister à ma conférence. Je lui ai bien sûr répondu que ce n'était pas grave et que je comprenais parfaitement qu'il ait pu être occupé ailleurs. Hawking est un très grand scientifique, et je comprends parfaitement que les frais nécessaires à sa survie soient tels qu'il ait besoin de se mettre en scène pour trouver de l'argent. Rien à voir avec Houellebecq. D'autant que Hawking, lui, comprend toute la science dont il parle. Il n'empêche, je préférerais que tous les scientifiques, lorsqu'ils sortent de leur cercle spécialisé, cherchent à être compris par le plus grand nombre. Ainsi, la science serait ce qu'elle doit être : un sujet de réflexion, pas un instrument de pouvoir.

Vous qui croyez que la science est incompréhensible, surtout la science contemporaine et surtout la physique, vous qui avez peur d'être ridicules si vous ne comprenez pas, vous qui ressentez encore la douleur infligée par un enseignant dogmatique lorsqu'il vous notait, vous qui croyez que les choses sont soit vraies, soit fausses et ceci pour toujours, vous qui n'osez pas poser de questions naïves, vous les victimes de ce terrorisme intellectuel qu'on appelle le « scientisme », c'est à vous tous que j'ai tenté de m'adresser, en vous emmenant aux frontières de la science, en les agrémentant de quelques anecdotes, en espérant surtout vous communiquer ma passion pour la recherche.

Index

Table des matières

DU MÊME AUTEUR

Chez Odile Jacob

Demain, la physique, en collaboration avec A. Aspect, R. Balian, É. Brézin, B. Cabane, S. Fauve, D. Kaplan, P. Léna, J.-P. Poirier et J. Prost, 2004.

Oxford University Press

Crystal surfaces : Fluctuations, Growth, Morphology, 2006.

Ouvrage publié sous la responsabilité éditoriale
de Gérard Jorland

CET OUVRAGE A ÉTÉ COMPOSÉ
ET MIS EN PAGES CHEZ DESK
ET ACHEVÉ D'IMPRIMER SUR ROTO-PAGE
PAR L'IMPRIMERIE FLOCH À MAYENNE
EN JANVIER 2006

N° d'impression : 64969.
N° d'édition : 7381-1653-3.
Dépôt légal : octobre 2005.
Imprimé en France